KB273637

세상의 아들딸들아!

살아있으라
사랑하라

세상의 아들딸들아!

살아있으라
사랑하라

세상의 아들딸들아!
살아있으라 사랑하라

지은이 ｜ 도용복
발행일 ｜ 초판 1쇄 2011년 10월 13일
발행처 ｜ 멘토프레스
발행인 ｜ 이경숙
기획 · 마케팅 ｜ 서광철
교정 ｜ 유인경
인쇄 · 제본 ｜ 한영문화사
등록번호 ｜ 201-12-80347 / 등록일 2006년 5월 2일
주소 ｜ 서울시 중구 충무로 2가 49-11 태광빌딩 302호
전화 ｜ (02)2272-0907   팩스 ｜ (02)2272-0974
E-mail ｜ mentor777@paran.com
ISBN 978-89-93442-22-9 03980

세상의 아들딸들아 !

살아있으라 사랑하라

메뚜 press

처절한 외로움 속에서 살아 있는 감동을 느끼기에 여행은 가치가 있다

20여 년 전의 일이다. 사업차 샌프란시스코에 갈 일이 있었다. 바이어들을 만나고 방문하기로 약속된 몇몇 곳을 둘러보고 나서 밤 10시가 넘어서야 호텔로 돌아왔다. 시간이 길어져 저녁도 못 먹은 탓에 허겁지겁 주린 배를 채운 뒤 차 한 잔을 들고 창밖을 내다보았다. 높게 뻗은 마천루, 번쩍거리며 불야성을 이루는 네온사인, 오락가락 시야를 어지럽히는 자동차 헤드라이트 불빛들. 그곳의 밤은 한국에서 비행기로 11시간 걸려 도착한 낯선 이방인의 땅이라는 느낌보다는 서울 도심 한가운데서 내려다본 밤과 다를 바 없었다.

문득 지나간 일들이 하나둘씩 떠오르기 시작했다. 가난 때문에 학업을 포기하고 고향 풍산을 떠나 부산으로 내려온 일, 항만부두에서 노역을 하며 야간고등학교에 다니던 일, 사업자금을 마련하기 위해 월남전에 참전한 일, 몇 번이나 죽을 고비를 넘기며 이를 악물고 버텨냈던 월남에서의 군생활, 20대 중반에 처음으로 내 이름의 사업장을 차리고 눈물 흘렸던 일, 그리고 지금까지 오직 일만 위해 정신없이 뛰어왔던 그 시간들. 기억의 편린들이 꼬리를 물고 내 머릿속을 맴돌았다.

'지금 나는 바른 길을 가고 있는 것인가? 지금까지 살아온 내 인생에 후회는 없는가? 혹시 나는 일의 노예가 되어 있지는 않은가?

새벽녘까지 잠을 뒤척이다 내린 결론은 여행이었다. 내 나이 50이 될 때까지는 열심히 일하고, 50이 되는 해부터는 여행을 떠나겠다고 결심했다. 돈 버는 일에만 혈안이 된 채 인생 자체를 모르고 살아온 것이 너무나 덧없이 느껴져 보람 있는 삶을 살아보고 싶어졌다. '불경일사不經一事면 부장일지不長一智'라 하지 않았던가. 낯선 곳에서 보고 듣고 느끼는 모든 것들이 내게는 피가 되고 살이 되어 내 인생을 더욱 풍요롭게 만들 것이다. 서울과 별반 다를 것 없는 대도시가 아니라 오지로 찾아가 그들의 순수한 모습을 만나보자.' 그리하여 50세 되던 해 배낭을 짊어지고 여행을 떠났고, 지금까지 세계 130여 개국을 돌았다.

나는 1년에 300일은 열심히 일하고 나머지는 여행을 하는 데 투자한다. 그동안 죽을 고비도 여러 번 겪었다. 아프가니스탄에서는 지뢰를 밟아 죽을 뻔했고, 아프리카에서는 집채만한 코끼리떼의 습격을 받았고, 남아공의 케이프타운 빈민가에서는 강도를 만나 겨우 목숨만 건져 나오기도 했다. 남미의 아마존에서는 야영을 하던 중 먹이를 찾아 강가로 내려온 재규어의 습격을 받기도 했다.

그러면서도 여행을 포기할 수 없는 건 지구 다른 곳에 살고 있는 나와 같은 사람들 때문이다. 사람냄새 때문이다. 오지에서 어렵게 사는 원주민들이 건네는 작은 야채 하나에도 정이 느껴진다. 마치 타임머신을 타고 그 옛날 어렵게 살았지만 마음만은 정겨웠던 어린 시절의 내 모습을 떠올리게 한다. 모로코의 한 시골마을에서 올리브를 수확하던 아낙들이 혼자 여행하는 낯선 이방인을 보고 밥보따리를 풀어헤치며 같이 먹자고, 올리브차라도 한 잔 하고 가라고 붙잡았을 때는 그네들의 정겨운 마음에 나도 모르게 울컥 눈물을 쏟아내기도 했다.

이 책은 그동안 여행을 했던 나라들 중 몇몇 국가만 추려서 정리한 글이다. 여행 중 생각나는 대로, 또 생활하면서 짬짬이 적었던 시도 몇 편 넣었다. 더 많은 사진과 자료를 싣지 못해 아쉽긴 하지만 그것도 욕심이려니 생각해본다. 글을 정리하면서 영어 한마디 못하는 내게 많은 도움을 주셨던 여러분들을 다시금 떠올려보았다. 아프가니스탄 코이카의 정상훈 선생님, 모리타니의 이세웅 목사님, 에콰도르의 김경인 사장님과 정진수 사장님, 튀니지의 최철 목사님, 도미니카의 전재덕 목사님, 자메이카의 우효철 목사님 등 일일이 다 열거하지 못할 만큼 많은 분들께 은혜를 입었다. 지면을 빌어 감사를 전한다.

오지를 여행하면 깊은 외로움을 느낀다. 하지만 그 외로움이 사람을 아름답게 만들고, 그런 처절한 외로움 속에서 살아 있는 감동을 느끼기에 여행은 가치가 있다. 전기도 들어오지 않고 TV도 없는, 문명의 혜택을 받지 못하는 곳일수록 사람의 순수한 본성은 그대로 남아 있다. 여행의 매력은 그런 인간 본연의 모습을 보면서 그들의 삶을 체험하고 그들과의 추억을 쌓아가는 것이 아닐까. 그래서 나는 또 배낭을 멘다.

2011년 9월 도용복

차 례

제2장 아프리카

가 도 사

구름은 가도사 별은 남듯이
세월은 가도야 추억은 남는가.

별은 가도사 꿈은 남듯이
사람은 가도야 사랑은 남는가.

봄은 가도사 산새는 울듯이
사랑은 가도야 상처는 남는가.

● 본문에 나오는 시는 모두 저자가 여행하면서 스케치한 내용들이다.

제 1 장
아시아

베트남
우즈베키스탄
이란
인도
아프가니스탄
요르단
미얀마
타이완

9월이 오면

산들바람 부는 9월
아름다운 추억들이 밀려오네
그리운 마음 어디에서 머물까
벌써 혼자이길 준비하는 세월이
저 앞에 우두커니 서 있네
마음 아련히 되살아나는 9월
9월은 아름답고 향기로운 추억투성이

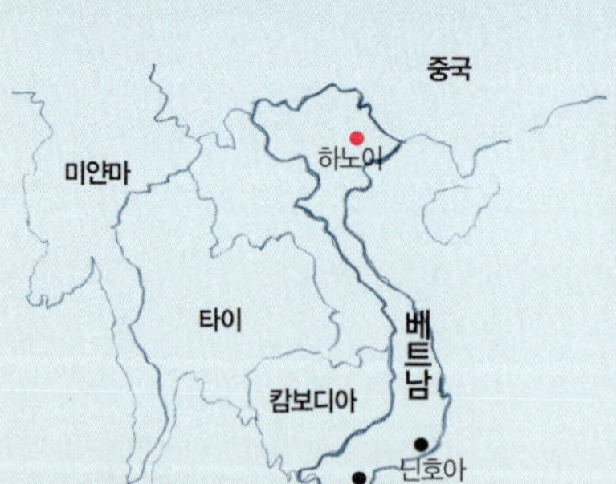

● 베트남 [Vietnam] – 동남아시아, 인도차이나반도
공식명칭 베트남사회주의공화국(Socialist Republic of Vietnam) 인구 90,549,390명
면적 329,560km² 수도 하노이 정체·의회형태 사회주의공화제, 단원제
국가원수/정부수반 주석/총리 공식언어 베트남어 독립 1945.09.02 화폐단위 동(dong/D)
종교 불교 9.8% 카톨릭 6.7% 1인당 국민소득 $3,100, 166위

● 일러두기 – 각국의 정보는 미중앙정보국 CIA의 월드팩트북, 2011년에서 인용했고,
  1인당 국민소득은 구매력평가기준(PPP) 국민소득으로 표기했다.

가슴 설레는 〈미스사이공〉과의 만남

세계 4대 뮤지컬의 하나인 〈미스사이공〉은 다른 뮤지컬과는 달리 내게는 아주 의미가 깊다. 배경이 되는 베트남은 내가 해외로 나간 첫 기착지였고, 당시 나 또한 극 중 남자주인공인 크리스처럼 월남전 파병군인이었기 때문이다.

갓 스물이 넘어 군에 입대한 나는 1966년 9월, 백마부대의 창설부원으로 월남전에 참전했다. 먼저 파병된 맹호부대와는 달리 우리 부대가 주둔한 나트랑 지역은 베트콩(당시 베트남 공산당소속 군인)과의 접전지역은 아니었다. 그래도 전장의 기운이 감도는 곳으로 나트랑 해안지역에 도착한 배는 부두에 정박하지 못하고 사람 목이 잠길 만한 깊이의 바닷물에 그냥 잠겨 있어야 했다. 소총이 물에 젖으면 안 되었기에 머리 위로 팔을 치켜들고, 육지까지 흠뻑 젖은 채 바닷물 속을 걸어서 이동했다. 군용트럭이 오자 군인들은 빽빽이 차에 실려 주둔지로 이동했다.

그렇게 트럭이 밀림으로 접어들고 긴장이 어느 정도 가실 때쯤 뒤를 따라오던 트럭이 큰 폭발음과 함께 튀어올랐다. 베트콩의 포격이 시작된 것이

다. 배를 같이 타고 왔던 동지들의 시체가 하늘로 튀어오르고 형체도 알아보지 못할 만큼 파편이 되어 흩어졌다. 혼돈과 공포. 그 속에서도 살아남은 동료들을 찾으려 주변을 뒤지며 쫓아다니자 선두차량의 중대장이 이동을 위해 탑승하라고 소리를 질렀다. 베트콩의 총알과 포탄이 쏟아지는 현장에서 죽은 병사를 수습하는 것은 자살행위나 마찬가지였다. 동료들의 시신을 수습하기는커녕 군번줄만 챙겨오기도 힘겨운 상황이었다. 상륙한 지 하루도 안 돼 주검으로 변해가는 전우들을 보며 '정말 죽음의 땅으로 들어왔구나', '살아 돌아갈 수는 있을까' 하는 생각이 먼저 들었다.

의무병 보직이었던 나는 나트랑에서 북쪽으로 조금 떨어진 닌호아 지역의 수송대에 파견되었다. 의무병은 1개 부대에 2명씩 내보냈는데, 보통 1명은 작전에 투입되고 나머지 1명은 부대에 남아 대민지원을 담당했다. 닌호아 부대는 인근마을과 가까이 있어 전쟁으로 고통받는 베트남 주민들에 대한 지원도 중요한 임무 중 하나였다. 직접 전투에 참전하는 것보다는 덜 위험하다 해도, 주민들 중 누가 베트콩이고 누가 민간인인지 알 수 없는 상황이었기에 위험한 건 매한가지였다. 웅덩이에 고인 물은 독이 들어 마실 수 없고, 시장에 파는 수박조차 사먹을 수 없을 정도였으니까 말이다.

그래도 다행인 건 천성이 부지런한 탓에 주민들을 치료해주는 대민지원에 적극 임할 수 있었고, 부상으로 고통받는 베트남사람들 역시 의료지원이 절실했던 터라 시간이 지날수록 주민들과 점점 가까워졌다는 점이다. 또한 틈나는 대로 교회에 가서 기타나 오르간을 치며 같이 노래하는 동안, 아이들이나 청년들과 좀더 친숙한 사이가 되었다.

내가 지원 나가던 마을에 '간gan'이라는 열일곱 살 소녀가 있었다. 전쟁통에 부모를 잃고 채 열 살도 안 된 어린 동생을 셋이나 거느린 소녀가장이었다. 이들을 딱하게 여겨 마을로 나갈 기회가 될 때면 조금씩 모아온 보급식량을 몰래 가져다주기도 했다. 그게 고마웠던지 그들도 대민지원 때마다 일손 거든다고 법석을 떨며, 힘든 내색 한 번 없이 항상 해맑은 웃음을 보여주었다. 이렇듯 조금씩 도와준 것이 어느 틈에 마을에 퍼져 주민들의 눈길도 부드럽고 우호적으로 변해가고 있었다. 전우들이 작전에 투입되고 혼자 부대를 지킬 때는 '간'이 몰래 부대로 찾아오기도 했다. 고향을 떠나 머나먼 이국땅 전쟁터에 와 있는 나의 외로움과 기댈 곳 없어 힘들어하던 '간'의 마음이 잘 맞아떨어져 서로 의지하며 격려해주는 사이가 되었던 것이다.

어느 날 이웃마을로 지원일정이 잡혀 있었는데, 전날 저녁 '간'의 동생들이 부대로 찾아왔다. 무슨 일인가 싶어 부랴부랴 위병소로 나가 아이들을 만나니 다음날 지원을 나가지 말라는 것이다. 평소 대민지원을 나갈 때면 약간의 구호품과 의약품을 가져가는데, 내일 이것을 노린 베트콩의 탈취계획이 잡혀 있으니 무슨 일이 있어도 나가지 말라고 손짓발짓해가며 말렸다. 아이들 말을 백퍼센트 다 믿을 수는 없지만 그래도 불안한 마음이 가시지 않아 일정을 연기했다. 나중에 안 사실이지만 베트콩들은 내가 지나가지 않자 다른 차량을 습격해서 일대에 소규모 전투가 있었다고 한다. 나에게 호의를 가진 마을주민이 우연찮게 정보를 입수했고, '간'의 동생들을 통해 그 사실을 긴급히 전했던 것이다. 지금 생각해도 등골이 오싹한 일이지만, 그 사건이 내게 처음으로 세상 살아가는 법을 가르쳐준 것 같다. 작게나마 베푼 사랑과 호의가 내 목숨을 구해주었으니 말이다. 적선지인積善之人 필유여경必有餘慶이라는 말이 딱 들어맞는 것 같다. 보통 1년 남짓하는 월남(베트남의 우리식 표현)에서의 군생활을 나는 3년 동안 하고 왔다. 꼭 '간'과 마을사람들 때문은 아니지만, 그렇다고 전혀 아니라고도 할 수 없다. 월남을 떠나오면서 '간'과 꼭 다시 연락하기로 약속했지만 귀국 후 살아가기 바쁜 탓에, 그리고 '그녀'는 아직 끝나지 않은 전쟁 탓에 서로 연락이 끊기고 말았다. 〈미스사이공〉●의 '크리스'와 '킴'처럼 비극적이고 애절한 사랑은 아니었지만 월남과 관계된 이야기만 나오면 '간'에 대한 생각에 깊이 잠기곤 한다.

1994년 베트남에도 개방물결이 일면서 가까이 지내던 태광실업의 박연차 회장과 사업차 베트남에 들르게 되었다. 그때 비행기 안에서 혹시나 '간'에 대한 소식을 들을 수 있을까 기대했었지만 20년이란 세월의 벽을 넘을 수는 없었다. 이젠 젊은 날의 추억으로만 남길 수밖에……

내 생의 특별한 만남, 베트남에서의 뼈아픈 참상과 악몽 같은 현실을 잠시나마 잊게 해준 기분 좋은 기억들, 그리고 목숨을 구한 인연까지. 뮤지컬 〈미스사이공〉은 대작大作이라는 이름에 걸맞게 작품의 내용뿐 아니라 스케일 면에서도 최고이지만, 내게 있어서는 추억의 앨범 같은 그리움의 작품이다.

●**미스사이공** 〈레미제라블〉을 작곡한 클로드 미셀 숀베르크가 〈미스사이공〉에서도 작곡을 맡고, 니콜라스 아리트너가 연출을, 카메론 매킨토시가 제작을 맡아 뮤지컬의 진수를 보여준다. 〈미스사이공〉은 푸치니의 오페라 〈나비부인〉과 흡사한 구도로, 베트남전쟁을 배경으로 미군 병사와 베트남 여인의 애절한 사랑을 담고 있다. 1989년 9월 런던의 드루어 리레인 극장에서 초연되었고 1991년 미국에 상륙했다. 미국공연 전 아시아계 여성들을 성적 노리갯감으로 표현했다는 지탄을 받기도 했다. 그후 12년 가까이 미국·헝가리·일본·독일 등지에서 공연되며 대성공을 거둔다. 전쟁 속에 싹튼 사랑의 애절함 등이 담긴 '세상의 마지막 밤 The Last Night of the World'과 '해와 달 Sun and Moon' 등의 노래가 유명하며, 1991년에 토니상 3개 부문을 거머쥔다. 무대에는 베트남전쟁을 상징하는 소총부대, 호치민 흉상 등이 등장하며 리얼리즘 뮤지컬의 맛을 보여주고 있는데, 개막 당시 반전단체로부터 미국의 베트남 참전을 미화했다는 항의를 받기도 했다. 브로드웨이의 장기공연 뮤지컬로 10년간 4,063회의 공연을 기록했다. 한국의 이소정이 1994년 제9대 미스사이공으로 뽑혀 3년간 미국에서 공연했던 기록을 가지고 있다.

고려인의 한이 서린 땅, 우즈베키스탄의 문화도시
타슈켄트에 가다

타슈켄트의 석류

그녀의 입술을 본다.
깨끗하고 투명한
중앙아시아 여인의 이빨을 본다.
딱딱하면서 달착지근한
그러면서 한없이 부드러운 사랑의 감촉
아, 아!
나는 이 모래벌판에서
너에게 다함없는 순정을 바친다.
우즈베키스탄의 잿빛노을이
키질쿰사막을 아름답게 물들이고 있다.

티무르가 요절한 그의 손자를 위해 지었다는 사마르칸트의
구르 에미르. '왕의 묘'라는 뜻을 담고 있다.

세상에 이런 곳이 또 있을까. 아름다운 자연경관과 깨끗한 공기, 천산산맥의 끝자락에서 내려오는 맑은 물. 시골에는 어린 시절 고향마을의 아련한 흙냄새가 스며 있고, 도시 근교에는 소박하지만 수준 높은 문화를 즐길 수 있는 곳, 마음씨 좋은 사람들이 많고 더구나 물가까지 싼 곳. '나이 들어 여행하기 힘들어질 때가 오면 남은 시간을 이곳에서 보내고 싶구나' 하는 생각이 절로 들게 하는 곳. 바로 실크로드의 중심지 중앙아시아 우즈베키스탄이다.

이 중앙아시아 5개국 즉 우즈베키스탄, 키르기스스탄, 타지키스탄, 카자흐스탄, 투르크메니스탄은 1991년 구 소련연방에서 분리되었다. 그 중 우즈베키스탄은 방송에서 간혹 소개도 되어 그렇게 낯설지 않은 나라에 속한다. 기후가 좋고 아직 개발이 많이 되지 않은 덕분에 공기도 맑으니 정말 살기 좋은 곳이다.

이 나라의 수도 타슈켄트는 중앙아시아 최고의 문화도시로 연극이나 발레, 오페라 등의 예술활동도 활발하다. 이것은 한국에서처럼 사치스러운 고급문화가 아니라, 가까이서 늘 접할 수 있는 대중문화로 자리잡고 있다.

무엇보다도 가장 자랑할 만한 것이 바로 타슈켄트의 나보이국립극장이

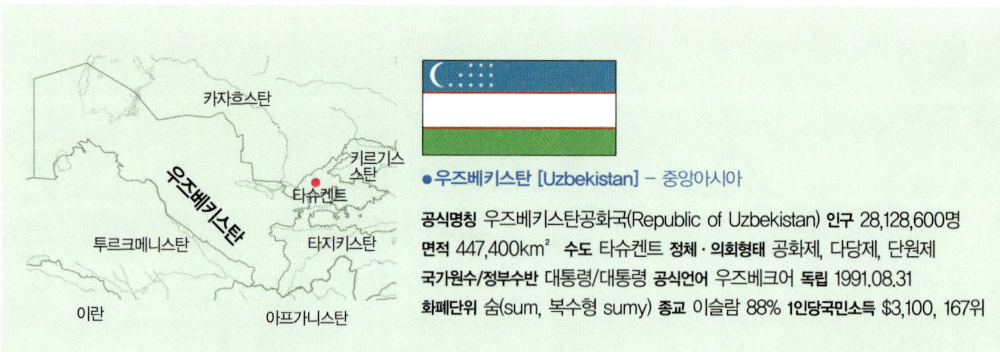

● 우즈베키스탄 [Uzbekistan] – 중앙아시아

공식명칭 우즈베키스탄공화국(Republic of Uzbekistan) **인구** 28,128,600명
면적 447,400km² **수도** 타슈켄트 **정체·의회형태** 공화제, 다당제, 단원제
국가원수/정부수반 대통령/대통령 **공식언어** 우즈베크어 **독립** 1991.08.31
화폐단위 숨(sum, 복수형 sumy) **종교** 이슬람 88% **1인당국민소득** $3,100, 167위

나보이국립극장의 오페라 공연 장[면]

다. 주로 오페라와 발레 공연을 하며 입장료는 3000~5000숨 정도. 우리 돈으로 3000원, 5000원이면 세계 정상급의 수준 높은 공연을 볼 수 있으니 우리나라에서는 엄두도 못 낼 일이다. 극장시설도 훌륭하지만, 관객도 동원된 사람들이 아닌지

나보이국립극장

의심될 만큼 옷차림이 화려하고 근엄한 신사숙녀들로 가득한데다 배역들의 성숙한 연기와 풍부한 성량이 오케스트라와 어울려 보는 사람들을 매료시킨다.

나보이라는 이름은 우즈베키스탄 민족문학의 창시자인 알리세르 나보이●라는 인물의 이름을 딴 것인데, 그는 아랍어로만 작품을 쓰던 15세기에 우즈

● **알리세르 나보이(Alisher Navoiy 1441년~1501년)** 아프가니스탄의 헤라트에서 출생, 성장했다. 중앙아시아의 정치가이자 신비주의자, 화가, 위구르 전통시인이다. 우즈벡어로 문학작품을 쓴 최초의 작가라서 우즈벡에는 그 이름을 딴 극장과 기념비 등이 있을 만큼 그를 민족의 정신적 지도자로 여긴다.

브로드웨이거리 수공예품이나 그림들을 길가에 늘어놓고 판매한다.

벡어로 문학작품을 창작하여 우즈베키스탄 사람들의 존경을 받는 작가다. 나보이극단은 모스크바, 민스크와 함께 러시아 3대 극단 중 하나이기도 하다. 월요일을 제외하고는 매일 다른 프로그램으로 공연을 하며, 7월과 8월에는 지방공연이나 해외공연을 떠난다.

타슈켄트의 브로드웨이거리는 시내의 중심이자 젊음의 거리로 저렴하게 다양한 문화를 접할 수 있는 곳이다. 길거리에는 어른 아이 구분 없이 거리의 악사들이 많으며 식당에서도 어린아이들이 바이올린을 연주한다. 저녁 9시 30분쯤 열리는 야시장에선 거리의 화가들이나 공예품 등 각종 미술작품들을 만날 수 있고, 골동품이나 장신구, 책 등을 사고파는 사람들과 데이트를 즐기는 연인들, 그리고 아이들의 손을 잡고 산책 나온 가족들을 볼 수 있다.

여행을 하면서 먹거리 이야기를 빼놓을 수 없다. 우즈베키스탄은 과일 천국이다. 강수량이 1년에 500밀리미터도 안 될 만큼 건조하지만 일조량이 많아서 당도가 매우 높다. 포도는 말할 것도 없고 수박이나 멜론 맛도 일품이다. 더군다나 가격까지 우리 돈으로 500원 남짓하니 절로 손이 간다. 그 밖에 각종 고기를 꼬치에 끼워 숯불에 구운 샤실릭과 우즈벡식 짬뽕인 라그만도 빼놓을 수 없는 음식이다.

수도 타슈켄트는 몇 가지 점에서 한국과 인연이 닿아 있다. 이곳과 연관 있는 최초의 한인은 고구려 출신 당나라 장수인 고선지 장군이다. 1300여 년 전 고선지 장군이 파미르고원을 넘어 석국을 정복했다고 알려져 있는데, 바로 이 석국이 오늘날의 타슈켄트다. 그리고 1937년 구 소련에 의해 연해주에서 중앙아시아로 강제 이주당한 한인들의 일부가 타슈켄트 근방에 정착했고, 그 후손들의 상당수가 아직도 이 지역에 살고 있다.

시내에서 조금만 들어가면 시골집 구조나 아궁이가 있는 부엌이 우리 시골의 모습과 매우 흡사하다. 중앙아시아에는 고려인들이 많이 살고 있어 우리 문화와 비슷한 것들을 많이 볼 수 있다. 그런데 지금은 소련이 붕괴되고 러시아에서 분리되면서 고려인들에 대한 배타적인 감정 때문에 경제적으로

우즈베키스탄의 주식인 난을 굽는 모습

어려운 점이 많다고 한다.

타슈켄트에는 한인들 농장이 몇 개 있다. 그 중 한인의 이름을 딴 농장이 딱 하나 있는데 그것이 바로 김병화● 농장이다. 고려인의 자랑이자 한민족의 자랑인 이곳은 그래서 한국 관광객의 방문 1순위에 속한다. 머나먼 중앙아시아 땅에 한국인 이름을 딴 거리가 있고, 그의 동상과 기념관이 있다는 자체만으로도 가슴이 뿌듯하다.

김병화 선생은 이 농장으로 강제 이주당한 한인들을 보살폈고, 한편으로는 쌀 생산을 성공으로 이끌어 노동영웅의 칭호를 받았다. 당시의 사진과 의복, 신문자료 등이 김병화 박물관에 전시되어 있다. 이주 초기 그들의 핏줄은 한인이지만 국적은 러시아도, 우즈벡도 아닌 상태에서 교육이나 사회참여의 기회가 매우 적었다. 이런 어려움 속에서 척박한 땅을 개척해 농사

22

를 짓게 되기까지 많은 피와 땀을 쏟아부었다. 김병화 농장에도 한때 1,500 명의 고려인이 거주했지만 지금은 젊은이들이 도시로 많이 떠나 약간 썰렁함이 느껴진다.

최근에는 골프를 좋아하는 사람들이 우즈베키스탄을 많이 찾고 있다. 중앙아시아에서는 최초이자 유일하게 국제규격을 갖춘 타슈켄트의 레이크사이드 골프장은 140,000평의 면적에 사시사철 푸른 잔디와 멀리 천산산맥을 배경으로 5개의 아름다운 호수들을 따라 만들어진 코스가 환상적이다. 천산산맥의 눈 녹은 물이 흘러내려 만들어진 호수에는 수달이나 야생동물이 살고 물고기도 많아 배를 띄워 낚시를 하기도 한다. 원래는 제일 큰 공원이었지만 독립이 되고 나서 우즈베키스탄 정부가 외국의 흐름을 받아들여 골프장으로 변경시켰다.

한때 고려인들이 살아 숨쉬던 우즈베키스탄에서 골프를 치는 이 기분, 순간 만감이 교차한다. 문득 김병화 박물관에서 본 문구가 떠올랐다. "이 땅에서 나는 새로운 조국을 보았다."

그 어디에 있든 살아 있으라, 근면하라. 내 삶의 모토도 이것이 아니겠는가.

당나귀가 아직은 유용한 교통수단이다.

● 고려인 김병화

러시아와 중앙아시아 지역에 사는 '고려인'은 예나 지금이나 소외된 채 고통받으며 살고 있는 우리 민족, 우리 동포다.

중앙아시아와 러시아에는 1930년대 극동지역에서 스탈린에 의해 강제 이주당한 '고려인'이 50여 만 명 살고 있다. 그 중 우즈베키스탄에 18만, 카자흐스탄에 10만, 러시아 남부지역 5만, 모스크바 4만, 사할린 4만, 연해주 4만, 우크라이나 3만, 타지키스탄 등 기타지역에 2만 명이 흩어져 있는 상태다.

역사를 거슬러올라가보면, 고려인들은 1860년대 초부터 일제의 탄압과 가난을 면하기 위해 러시아 연해주로 이주했던 한인들의 후손이다. 스탈린은 러시아의 농업을 개선하기 위해 1937년 러시아 극동지역에서 중앙아시아의 우즈베키스탄, 카자흐스탄, 모스크바를 중심으로 한 10여 개의 불모지대로 그들을 강제이주시켰다.

이때 김병화 선생도 우즈베키스탄으로 오게 된 것이다. 영문도 모른 채 기차를 타고 이곳으로 끌려온 고려인들은 집단농장에 가구별로 배치되었는데, 막연히 이곳에 터전을 잡고 있던 유목민들과 달리 그들은 민족특유의 성실과 근면함으로 사막의 땅을 푸른 농장으로 변화시켰던 것이다. 본격적으로 소련의 인정을 받기 시작한 것은 제2차세계대전 때부터로, 소련정부는 고려인들의 성실성을 인정하여 세금을 전혀 걷지 않았으며, 그들이 자급자족할 수 있도록 배려해주었던 것이다. 문제는 히틀러가 소련을 침공하면서부터인데, 국가의 존폐가 걸린 상황이다보니 고려인들은 배를 곯면서까지 자신이 가진 모든 물자를 소련에 헌납했던 것. 이후 고려인들의 성실함과 생산성을 높이 인정한 소련정부도 그들을 '근로군인'이라 부르며 전쟁일선이 아닌, 군수물자 공장에 배치했다. 전쟁 후 소련은 고려인들의 성실성을 높이 치하하여 영웅훈장을 수여하기도 했는데, 그 중에 김병화 선생도 끼어 있었다.

당시 소련 공산주의체제 하에서는 개인이 땅을 소유할 수 없었고 집단농장을 이루며 생산활동을 하던 때였는데, 김병화 선생은 투철한 노력으로 1944년부터 농장조합장이 되어 소련정부로부터 두 번이나 영웅훈장을 받았다. 이 훈장 덕에 아파트가 주어졌으며 국가적으로 많은 혜택도 받았고, 훗날 국가에서 김병화 박물관을 지어 소련인들에게 그의 근면성을 본받게 했다. 타슈켄트 남쪽 우르타치르치크 구에 '김병화 농장' 마을이 있으며, 그 입구에 '김병화 박물관'이 자리해 있다. 구 소련시대에는 '북극성 집단농장'이었지만, 김병화의 지도력을 인정한 소련은 1974년 '김병화 농장'으로 개칭했던 것이다.

생전에 딱 두 벌밖에 없는 양복, 그 중 한 벌이 박물관에 전시되어 있다. 1974년 암으로 세상을 뜰 때, 수만 명이 장례식에 참석해서 그의 마지막을 지켜보았다. 일제치하, 그리고 스탈린체재에서 헐벗은 이국땅 우즈벡에 끌려온 김병화 선생 이하 고려인들은 이에 굴하지 않고 황량한 사막을 푸른 녹지로 가꾸었던 것이다. 그러나 그후 개인영농화 과정에서 토지분배를 받지 못한 많은 고려인들은 머물던 농장을 떠날 수밖에 없었고 현재 노령화된 1,000여 명의 고려인만이 거주하고 있는 실정이다.

김병화 박물관에는 1994년 우즈벡을 찾은 김영삼 대통령이 카리모프 대통령과 함께 이곳을 방문한 사진도 걸려 있다. 그리고 사진 밑에는 카리모프 대통령의 어록이 적혀 있는데 내용은 다음과 같다.

'여러 민족의 근면함은 우즈베키스탄의 힘이다.'
우리 민족, 고려인에 대한 자긍심이 느껴지는 대목이다.

수도 테헤란, 페르시아제국의 흔적 어린 이스파한, 이맘 호메이니 광장, 시오세 폴

테헤란, 역동적인 사막의 오아시스

아프가니스탄에서 이란으로 넘어가는 비행기에서 지도를 살펴보다 무심
히 창밖을 내려다보니 끝없는 모래파도와 눈 덮인 산들이 한눈에 들어온다.

바람이 만든 사막의 광경은 보드라운 실크를 바닥에 깔아놓은 듯도 하고, 잔잔하게 물결치는 호수 같기도 하다.

이란의 수도 테헤란의 첫 인상은 아주 산뜻하다. 비행장에서 누군가를 기다리고 있는 여인의 모습이 너무 아름답다. 핵문제로 반미 열기가 덮고 있을 줄 알았는데 그런 낌새는 어디서도 찾아볼 수 없다. 나이든 여자들은 검은 차도르로 머리부터 발끝까지 감쌌지만 젊은 여성들은 스카프로 머리만 둘렀다.

어떤 지명의 유래를 들여다보면 재미있는 점이 많다. 광주의 금남로처럼 역사적인 인물의 호를 따오는 경우도 있고 부산의 광복동처럼 조국의 광복을 기리는 역사적인 유래도 있다.

IT 중심지로 명성이 높은 서울의 테헤란로는 우리나라가 이란의 테헤란 시와 자매결연한 것을 기념해서 만들어진 이름이다. 1970년대 우리나라가 석유파동을 겪고 있을 때 산유국이던 이란의 테헤란 시와 자매결연 했던 적이 있다. 수교는 그보다 훨씬 빠른 1962년 맺어졌지만, 중동국가 중에는 이란이 제일 처음이다. 이란은 1980년대의 이란-이라크 전쟁을 비롯해서 최근의 핵문제까지 중동전에서 언제나 그 핵심에 있는 나라다. 그래서 전쟁의

이암 호메이니궁 테헤란에 있는 이암 호메이니궁. 네 게의 첨탑이 보이는데, 첨탑높이가 91m로 호메이니 살아생전 나이를 기념하고 있다.

피폐함을 안고 있을 것으로 생각하는 사람이 많을지 모르나 직접 가보면 전혀 그렇지 않음을 깨닫게 된다. 그야말로 사막 위의 오아시스가 따로 없다. 그것도 인공적으로 만든 거대한 오아시스라 더욱 놀랍다.

테헤란 중심가에 있는 갤러리

개방적인 테헤란, 교통문화는 최악

이란의 수도 테헤란은 매우 분주하고 역동적이다. 도시야경도 아주 화려하다. 중심가의 한 대형상점에는 이슬람 전통복장을 벗어버린 젊은이들이 간편한 차림으로 쇼핑을 즐기는 것이 여느 서방사회 분위기와 크게 다르지 않다. 여성들에게 인기있는 청바지도 디자인이 다양하고 의상 또한 검은색

일색을 탈피하고 있다. 상가의 꽃집에 진열된 꽃들도 도시 분위기를 한결 부드럽게 하고 가판대에는 인기 연예인들의 소식지가 진열되어 있다. 이슬람사회가 대개 엄격하고 보수적이지만, 그래도 이란은 사우디아라비아나 다른 중동국가에 비해 개방적인 편이다. 저녁 퇴근 무렵 도심은 상당히 혼잡하다. 이란은 산유국인 탓에 휘발유값이 저렴하니 자동차 천국이다. 하지만 운전문화는 최악이라 출퇴근 시간대의 도로는 교통지옥이다. 건널목이 있으나 지키는 사람이 별로 없고, 교통경찰관도 크게 개의치 않는다. 여성들조차 무서운 속도로 끼어들기를 하며 아무데서나 중앙선을 넘어 유턴하고 심지어는 역주행도 종종 일어난다. 중앙선이 없는 곳도 많다.

이란 사람들이 주로 믿는 이슬람 시아파의 최대 종교행사인 '아슈라'● 축제는 이슬람 달력으로 '무하람 달'에 열린다. 이 날은 680년 당시 시아파 지도자였던 후세인이 이라크 수니파 사람들과 싸우다가 전사한 것을 기념한 날로, 시아파 사람들은 그 고통을 함께 한다는 뜻에서 철칼로 자신의 가슴과 등을 때리며 피가 날 때까지 스스로에게 가혹한 벌을 내린다. 무하람 기간에는 결혼식 같은 축하행사는 하지 않으며, 전통음악을 연주하는 식당에서도 공연을 볼 수 없다.

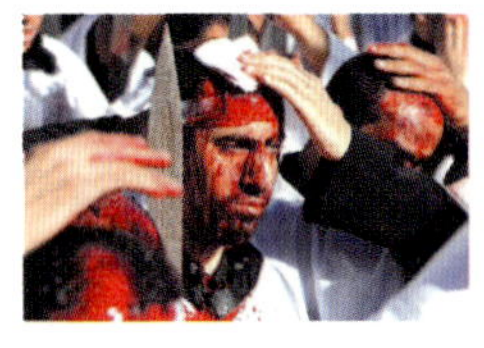

● 아슈라Ashura 이슬람 제례의 하나로, 수니파와 시아파에 따라 제례형식이 매우 달라진다. 예언자 마호메트(혹은 무함마드Muhammad 570년경~632)는 헤지라(쿠라이쉬족의 박해를 피해 메카에서 메디나로 이주한 것을 가리킴) 이후, 헤지라력 1월의 제10일째를 단식의 날로 정했으며 이날을 '아슈라'라고 칭했는데 이는 유대교의 '요무 키플(속죄의 날)'의 단식을 모방한 것이다. 이슬람교단이 유대교에서 분리된 후 이 계율은 신도에게 강제성을 잃었으나 수니파 이슬람교도 사이에서는 여전히 아슈라의 단식을 자발적으로 행하고 있다. 한편 시아파에서는 680년 이라크의 카르발라Kerbala 전투에서 수니파에 항거하다가 전사한 이맘 후세인을 마호메트 사망 후 유일한 이슬람의 지도자라 믿고 있기에 그가 순교한 날을 기리는 아슈라 축제를 이슬람 시아파의 최대 종교행사로 맞이하고 있다.
그리하여 아슈라 축제기간 동안에는 수많은 시아파들이 카르발라를 순례하기 위해 모여든다. 이 기간 동안 그의 순교이야기를 연극으로 재현하거나 가두 퍼레이드를 벌인다. 또한 이맘 후세인은 전사할 당시 온몸이 찢겨 사살되었다고 전해지며 이 때문에 아슈라 때는 많은 시아파들이 검은색 옷을 입고 칼이나 채찍으로 이마와 가슴과 등을 때리거나 상처를 내면서 후세인의 죽음을 애도하기도 한다. 사진은 시아파들이 이맘 후세인의 순교를 기리기 위해 자해하는 장면이다.

이란 콤 근방의 잠카란 모스크. 시아파 무슬림은 숨겨진 이맘(마흐디)이 언젠가는 이 지역에 다시 나타나 전세계에 이슬람왕국을 세울 것이라 믿는다.

이스파한, 페르시아 제국의 영광을 간직한 고도

이란은 국토의 절반이 산악지대인 나라다. 그 중에서도 중부지방은 해발 1,000미터가 넘는 고원지대인데 그 중심에 옛 페르시아 제국의 영광을 간직한 이스파한 시가 있다. 1700년대 말까지 이스파한은 이란의 수도였고 그 당시 나라이름은 사파비, 민족이름은 페르시아였다. 중앙도로를 끼고 양쪽 인도에는 나무를 많이 가꾸어 유럽에 가까운 도시로 만들어놓았다. 비가 가장 많이 오는 1월의 강수량이 우리나라 하룻저녁 촉촉이 내리는 20밀리미터에도 못 미치고 여름과 가을엔 그나마도 내리지 않는다. 그러나 이스파한

자얀데강에 놓인 11개 다리 중 하나인 시오세 폴. 시오세란 330이란 뜻으로, 아치가 33개 놓여 있다고 해서 붙여진 이름이다.

은 물의 도시다. 자그로스산맥의 눈 녹은 물이 사시사철 흐르며 자얀데강을 만들어 아름다운 이 도시를 동서로 관통한다. 이스파한에는 페르시아 건축의 백미 이맘모스크를 비롯해 수많은 모스크와 화려한 왕궁, 아르메니안 교회, 이슬람 학교 등 찬란한 유적들이 줄을 이었지만 그 중에서도 걸작은 이란이 자랑하는 이맘 호메이니 광장과 이 세상에서 가장 아름다운 다리 시오세 폴이다. 이맘 호메이니 광장은 일찍이 16세기에 조성되어 지금은 여행자라면 누구나 한 번쯤 거쳐가는 명소다. 주변의 화단도 깔끔히 정돈되어 있다. 도심에 이런 크기의 광장이 있기로는 중국의 천안문 다음으로 세계에서 두 번째 규모라고 한다.

해 지고 어둠이 내리자 광장은 더욱 화려해지고 페르시아 고유의 푸르스름한 타일도 달빛과 조명 속에 멋지게 빛난다. 한낮의 뜨거운 열기가 식으면서 거리에는 하나둘 사람도 늘고 이슬람 국가에서는 보기 드물게 소녀처럼 아이스크림을 맛나게 먹는 여성들도 있다. 도시를 가로지르는 자얀데 강

해가 지고 어둠이 내리며 뜨거운 기운이 식기 시작하면 거리에 사람이 많아지고 시민들은 자얀데 강변에 삼삼오오 모이기 시작한다. 해질녘이 되면 수많은 이스파한 시민들이 시오세 폴로 와 강바람을 맞으며 저녁 한때를 보낸다.

변은 피서 나온 시민들로 운치를 더한다. 16세기에 지어진 시오세 폴 다리 는 길이 160미터에 33개의 아치가 놓인 우아한 2층 돌다리다. 안에서는 쓸 쓸하게 피리 부는 거리악사의 선율도 물결치고, 다리 아래 자리잡은 '차이 쿤네'라 부르는 찻집은 차 마시며 물담배 피우는 사람들로 넘쳐난다. 시오 세 폴 다리는 유람의 정취를 즐길 수 있도록 차는 다니지 않고 사람만 통행 할 수 있다. 해질녘이 되면 수많은 이스파한 시민들이 이곳에서 강바람을 맞으며 저녁 한때를 보낸다.

평화롭고 아름다운 도시 이스파한은 세상의 절반이라는 뜻을 지녔다. 옛 왕국의 수도로서 크게 번창했기에 곧 세상의 절반과 같다는 이 도시 사람들 의 자부심이 깃들어 있는 것이다.

도시의 풍경

뭄바이는 살아 있는 도시다.

거리를 바삐 오가는
사람들의 얼굴에는 활력이 넘친다.

오래전 보았던 빨간 구식 전화기
어디로 전화하는지
젊은 아가씨의 입가엔 웃음이 가득하고

간만에 온 손님을 맞아
귀 청소를 하는 노인의 손길엔
세심한 정성이 담겼다.

시간에 늦을세라
'다바왈라'라는 도시락 배달부의
수레를 끄는 발길이 더욱 빨라진다.

도비 가트의 넓은 빨래터엔
단순하고 반복적인 일상에도
묵묵히 자신의 일을 하는
인도의 일꾼들이 있다.

넓은 땅과 많은 인구를 가진 인도
복잡하고 정신없이 돌아갈 것 같은 이곳에도
나름대로의 자기 삶에 충실한
사람들이 살고 있다.

뭄바이, 인도의 경제 수도

'미국에 할리우드가 있다면 인도에는 볼리우드가 있다'는 말이 있다. 볼리우드는 인도의 뭄바이를 말하는 것이다. 옛날에는 뭄바이를 봄베이라고 불렀다. 그래서 할리우드와 비교해서 볼리우드라고 부른다. 인도가 영국의 지배를 받을 당시에는 영어식으로 봄베이라 불렸다가 1955년 뭄바이라는 인도식 본래 이름을 되찾았다.

수도인 델리가 정치, 문화의 중심이라면 뭄바이는 인도 최대의 경제도시다. 할리우드 못지않게 영화산업이 발달한 것도 이렇게 경제적인 자본이 풍부해서 가능했다. 하지만 인구가 많은 만큼 빈부격차도 심하다.

인도반도 서해안에 자리한 뭄바이는 아라비아해로 통하는 인도 최대의 국제 무역항이다. 뭄바이를 상징하는 인도문은 1911년에 영국왕이 인도를 방문한 기념으로 세웠다.

당시 유럽 사람들에게 인도는 신비한 향료와 막대한 자원, 수많은 노동력을 가진 거대한 시장이었다. 그런 인도로 통하는 관문이 바로 뭄바이였다.

미국에 할리우드, 인도에는 볼리우드

현재 인도문 주변은 공원으로 조성되어 있어 뭄바이 시민들이 자주 찾는다. 관광객도 한 번은 꼭 들렀다 가는 장소다.

인도문 옆에는 뭄바이가 자랑하는 최고급 호텔이 있다. 본 건물이 완공된

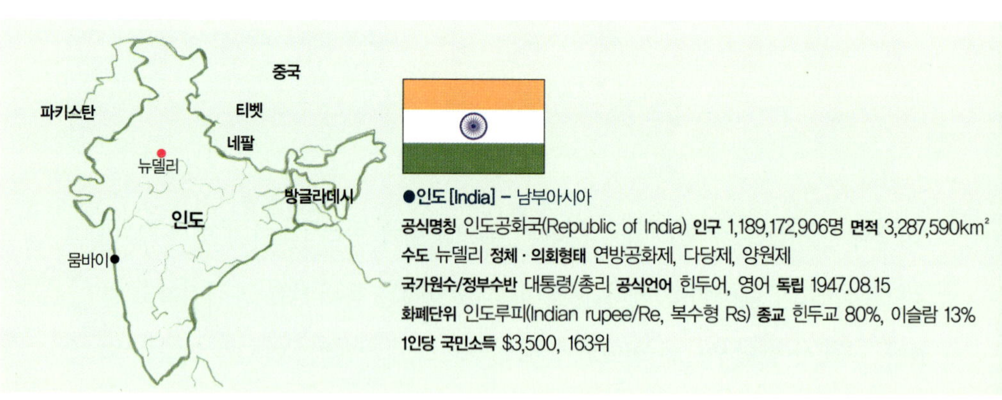

타지마할호텔 인도문 옆에는 뭄바이가 자랑하는 최고급 호텔이 있다. 본 건물이 완공된 건 1903년인데 '타타'라는 이 지방 자본가가 당시 유럽여행을 갔다가 인도인이라는 이유로 호텔 출입을 거절당하는 수모를 겪은 후 고국에 돌아와 오기로 지은 것이 바로 이 타지마할호텔이다.

건 1903년인데 '타타'라는 이 지방 자본가가 당시 유럽여행을 갔다가 인도인이라는 이유로 호텔 출입을 거절당하는 수모를 겪었다고 한다. 그래서 고국에 돌아와 오기로 지은 것이 바로 이 타지마할호텔이다.

뭄바이 택시는 까만 몸체에 노란 지붕을 하고 있다. 교통신호를 지키는 차량은 보기 쉽지 않다. 승객을 많이 태울 수 있는 이층버스는 가만히 보면 버스 두 대를 나란히 이어붙인 형상이다. 구형버스라 좀 낡긴 했어도 뭄바이의 명물이다. 이층버스에서 택시, 달구지까지 바퀴 달린 모든 것이 뭄바이 시내를 달린다.

거리의 사람들 중에는 부랑인도 있지만, 더워서 집 밖으로 나온 경우도 많다. 우리 눈에는 익숙지 않은 풍경이지만 뭄바이 사람들에겐 자연스럽다. 떠돌이 개들까지 태평하게 누워서 잠을 잔다. 말린 생선을 손질하는 모습도 보인다.

일자리를 찾아서 몰려든 노동자가 많은 만큼 뭄바이의 빈부격차가 큰 것도 어쩌면 당연한지 모른다. 그래도 사람들의 표정은 밝다. 마을 한가운데는 힌두교 사원도 있다. 바닷가 마을답게 그물을 손질하는 어부도 빠질 수 없다. 이들의 생활은 분명 누추해 보였으나 모두들 진지한 자세로 자신의 자리를 지키고 있다.

간디 비폭력 운동의 산실

간디는 인도인들의 영원한 정신적 지주다. 뭄바이에 있는 간디기념관은 마하트마 간디가 1917년부터 1934년까지 운동본부로 사용하던 집이다. 한쪽에는 간디의 생애를 인형으로 재현한 공간이 있다. 이곳에서 활동하며 간디는 비폭력 운동의 기반을 확립했다.

그가 민중과 함께 하면서 실 짜는 법을 배운 것도, 병들어 처음으로 양젖을 마신 것도 바로 이곳이라고 한다. 간디는 카스트제도의 비인간적 측면도 반대했는데, 결국 인도가 영국으로부터 독립한 그 이듬해 극우세력에 의해 암살되었다.

인도의 카스트제도는 법적으로 철폐됐지만 사회에서는 지금도 존재한다.

도비 가트 뭄바이에는 '도비 가트'라고 하는 인도에서 가장 큰 빨래터가 있다. '도비'란 빨래하는 사람들을 말하는데 인도에서는 빨래하는 사람을 신분이 낮은 사람으로 보는 경향이 있다. 비누칠만 하는 사람, 헹구기만 하는 사람, 널기만 하는 사람 등 저마다 맡은 역할이 다르다.

뭄바이에는 '도비 가트'라고 하는 인도에서 가장 큰 빨래터가 있다. '도비' 란 빨래하는 사람들을 말하는데 인도에서는 그들을 신분이 낮은 사람으로 보는 경향이 있다.

　인도식 계급에 의하면 최하층민 이른바 '불가촉천민' •을 일컫는데, 남자 들의 빨래터인 도비 가트의 진풍경을 보면 인도라는 사회가 가진 문화적 특 징을 알 수 있다. 비누칠만 하는 사람, 헹구기만 하는 사람, 널기만 하는 사 람 등 저마다 맡은 역할이 다르다. 단순하고 반복적인 일상이지만 묵묵히 자신의 역할에 최선을 다한다. 정신없고 복잡한 것 같은 인도가 어떻게 규 칙적으로 돌아가는지 보여주는 한 예라 할 수 있다.

빅토리아역은 유네스코 세계문화유산

유네스코에서 세계문화유산으로 지정한 빅토리아역은 19세기에 빅토리아 고딕양식으로 지어졌다. 매우 화려하며 인도와 유럽 양식이 혼합되어 있다.

기차역 안은 많은 사람들이 오가는 가장 분주한 곳이다. 다른 나라도 그렇듯이 산업이 발달한 곳에는 도시 영세민도 모이기 마련이다.

역 주변으로는 갖가지 물건을 갖고 나와 파는 행상이 많다. 인구가 많으니 직업의 종류도 많아 오렌지나 사탕수수의 즙을 짜서 파는 상인을 비롯해서 유선전화를 빌려주는 곳도 있고, 귓속을 청소해주는 사람, 사진모델이 되고 돈을 받는 사람도 있다.

각 가정에서 손수 만든 도시락을 그 사람의 직장까지 배달해주는 '다바왈라'라는 도시락 배달부도 있다. 이것은 인도의 다른 도시보다도 뭄바이에서 더욱 성행하는 직업이다.

인도는 힌두교 전통상 집에서 만든 요리를 중요하게 생각하는 경향이 있어 배달 서비스를 많이 이용한다. 1800년대 말부터 노동자들이 많이 모여들

● 불가촉천민(不可觸賤民 untouchable 달리트 혹은 하리잔)
인도의 신분계급 중 최하층 계급. 카스트제도에 따르면 인도의 신분은 브라만(승려), 크샤트리아(왕이나 귀족), 바이샤(상인), 수드라(피정복민 및 노예, 천민) 등 4계급으로 구분되며 최하층인 수드라에도 속하지 않는 불가촉천민이 있다.
불가촉천민은 카스트제도 밖의 사람들로 사회구성원이 아닌, 그 아래의 가장 비천한 신분이므로 오물수거, 시체처리, 가죽가공, 세탁, 도기 제조 등에 주로 종사해왔다. 그들은 일부 남부지방에서는 밤에만 활동하도록 되어 있으며, 사원출입이 금지되고, 신발을 신을 수도, 버스나 기차에 빈자리가 있어도 앉을 수 없었으며, 이런 차별은 19세기 말까지 횡행했다. 20세기 들면서 카스트 철폐운동이 시작, 1930년대 마하트마 간디는 그들을 일컬어 '신의 자녀'라는 의미의 하리잔Harijan이란 이름을 붙여주었고, 이 이름에 숨어 있는 동정적 의미에 반발한 불가촉천민들은 스스로를 '핍박받는 자'라는 뜻의 달리트dalit라 부르기 시작하여 오늘날 불가촉천민의 대표적 명칭으로 자리잡았다. 사진은 인도 타밀나두Tamil Nadu 주에 불가촉천민들이 모여사는 곳.

빅토리아역 유네스코에서 세계문화유산으로 지정한 빅토리아역은 19세기에 빅토리아 고딕양식으로 지어졌다. 매우 화려하며 인도와 유럽 양식이 혼합돼 있다.

어 그때부터 도시락 배달 서비스가 생겼다고 한다.

'코끼리섬' 엔 힌두교 사원 찾는 관광객 북적

오후가 되면 인도문 주변을 찾는 관광객이 더 많아지는데, 이 앞에서 코끼리섬으로 가는 배가 출발한다. 섬 안에 오래된 힌두교 사원이 있어 관광객뿐 아니라 힌두교 신도들도 많이 찾는다.

배로 1시간 30분 정도 걸리는 코끼리섬은 꽤 먼 거리지만 가다가 고기잡이 어선도 구경하고, 웬만한 빌딩 한 채 크기만한 화물선도 구경하다보면 그리 지루하진 않다. 코끼리가 많이 사는 것도 그렇다고 코끼리 모양을 한

인도문 아라비아 해로 통하는 인도 최대의 국제 무역항답게, 아폴로 부두에 자리한 인도문이 바로 뭄바이의 상징으로 꼽힌다. 인도문 주변에는 항상 사람들로 바글바글하다.

섬도 아니다.

단지 코끼리 조각상이 있었다고 해서 유래된 이름이다. 부둣가에서 섬 안쪽까지는 관광용 기관차가 운행된다. 그래봐야 5분 정도 거리라서 걸어가는 사람도 많이 보인다. 섬에는 실제로 주민들도 살고 6~8세기에 조성된 힌두

교 사원도 있다. 바위산에 일부러 굴을 파고 그 안에 시바신을 모신 석굴사원
이다.

생각보다 규모가 크고 조각도 아름다운데 훼손된 부분이 많아 안타깝다.
전하는 바에 따르면, 인도를 처음 찾아온 포르투갈 병사들이 사격연습을 했
다는 이야기가 있다. 당시가 16, 17세기였으니 무지에 의해 벌어진 일이라
고 할 수 있을 것 같다.

코끼리섬은 반나절 정도면 돌아볼 수 있다. 갈 때는 기차를 타느라 제대로
보지 못한 풍경들이 걸어서 되돌아오니 눈에 잘 들어온다. 장사하는 주민들 모
습에, 방파제 주변을 쏜살같이 다니는 '게'도 보인다. 그 게를 잡는 어부도 있
는데 습지대에서 나룻배를 타고 다니며 그물망을 하나하나 놓는다. 코끼리 섬
은 뭄바이 시내와는 다른 한적함이 좋다.

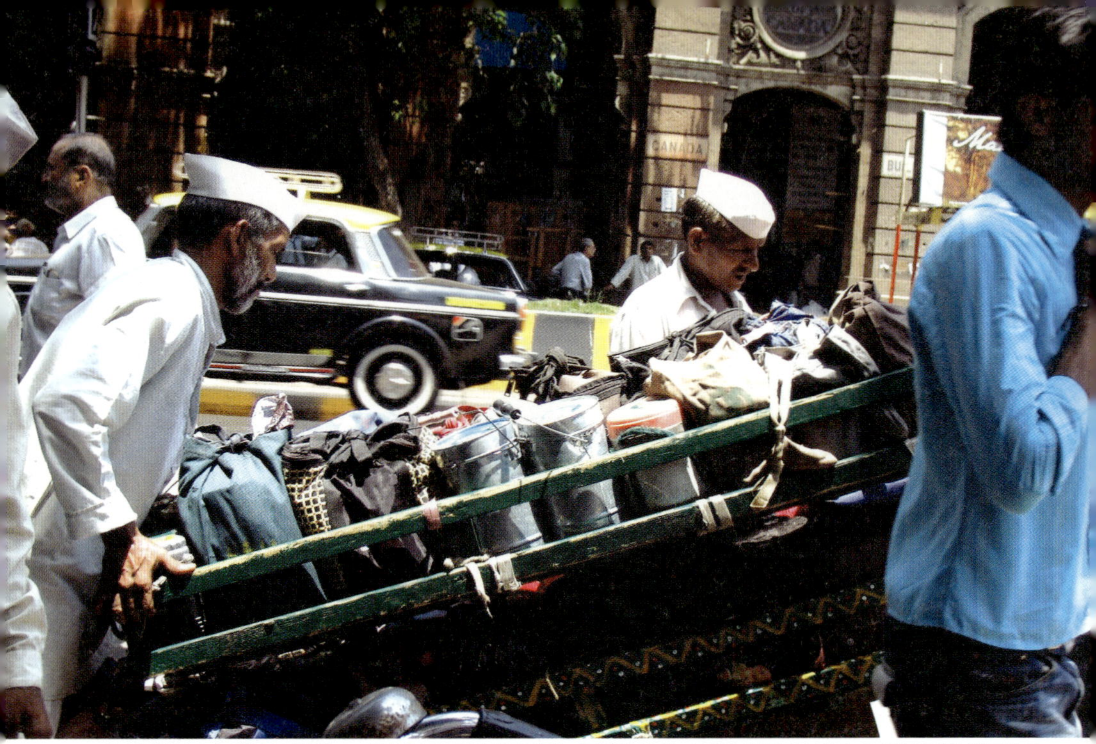

각 가정에서 손수 만든 도시락을 그 사람의 직장까지 배달해주는 '다바왈라'라는 도시락 배달부도 있다. 도시락 배달은 인도의 다른 도시보다도 뭄바이에서 더욱 성행하는 직업이다. 인도는 힌두교 전통상 집에서 만든 요리를 중요하게 생각하는 경향이 있어 배달 서비스를 많이 이용한다.

인도 부유층의 결혼식

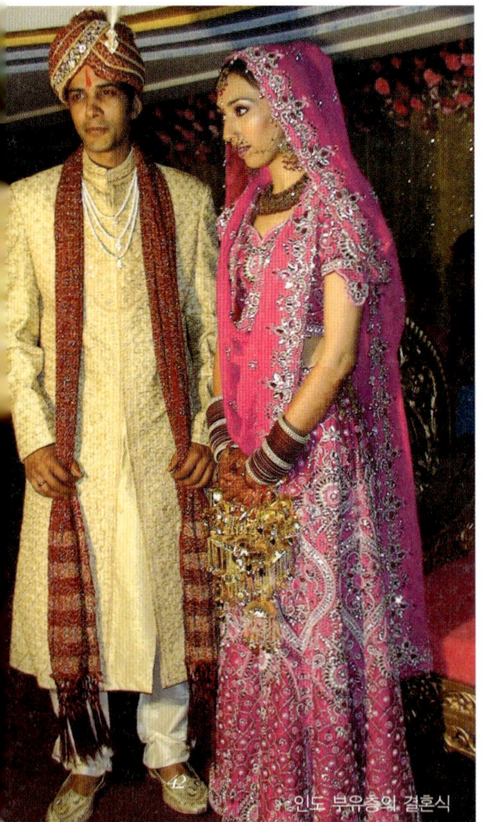

다채로운 인도의 향신료처럼 다양한 삶의 방식을 가진 사람들. 그래서 세계의 많은 여행자들이 인도를 가장 먼저 가보고 싶은 나라이면서 가장 오래 기억에 남는 나라로 꼽는 모양이다.

도비가트, 디바왈라, 달리트…… 뼈를 녹여내는 듯한 핍박의 언어들을 입에서 잘근거릴 때마다 새롭게 언어가 재생된다. "우리 모두 살아야 한다, 살아야 한다고……."

인구가 많으니 다양한 직업을 가진 사람들이 많다. 채찍묘기를 부리며 돈을 받는 부자와 함께.

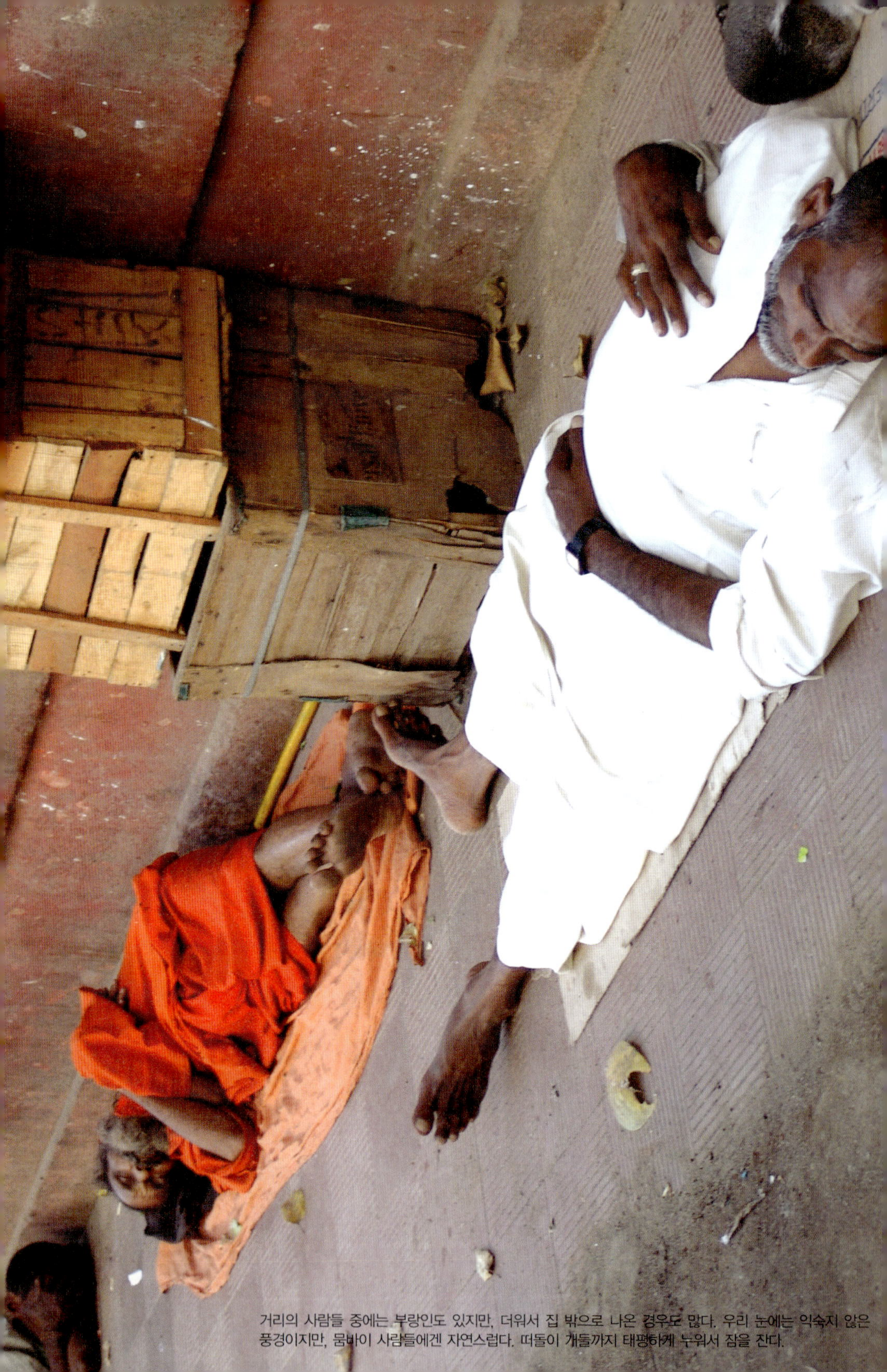

거리의 사람들 중에는 부랑인도 있지만, 더워서 집 밖으로 나온 경우도 많다. 우리 눈에는 익숙지 않은
풍경이지만, 뭄바이 사람들에겐 자연스럽다. 떠돌이 개들까지 태평하게 누워서 잠을 잔다.

**인도영화의 러닝타임은 기본이 3시간, 해피엔딩을 고수,
빈곤층이 많은 인도에서 영화는 유일한(?) 안식**

"내 이름은 칸, 나는 테러리스트가 아닙니다."

볼리우드의 장동건, 인도의 톰 크루즈'로 불리는 톱스타. 미국 시사주간지 '뉴스위크'가 선정한 '세계에서 가장 영향력 있는 50대 유명인사'에 꼽힐 정도의 폭발적 인기를 누리고 있는 배우 샤룩 칸Shahrukh Khan.

그는 영화 〈내 이름은 칸〉에서 아이큐 168의 아스퍼거 증후군이란 자폐증을 앓고 있는 남자 '칸'을 열연했다.

그런 그가 미국 뉴저지주 뉴워크 공항에 입국할 당시 2시간 동안 억류되는 수난을 겪었다. 영화 속 이야기가 실제로 벌어진 것이다. 영화 〈내 이름은 칸〉을 홍보하기 위해 미국을 방문 중이었다. 공항 컴퓨터에 샤룩 칸의 이름이 뜬 순간 곧장 조사실로 끌려가게 되었고 그 이유는 '칸khan'이라는 성이 들어갔기 때문인데, 칸은 무슬림 세계에선 우리의 김 씨만큼이나 흔한 성이라는 것이다.

"샤룩 칸이 통과하지 못한다면 대체 어느 칸이 의심받지 않고 저 검색대를 통과할 수 있겠는가!"

인도여론이 들끓었다. 한 블로그에선 "브래드 피트가 올 때 똑같이 대우하자"는 말도 나왔다는데, 이 영화는 9 · 11 테러 뒤 미국에서 인종적 이유로 차별받은 인도인의 실화實話에 바탕을 둔 이야기로 올해 3월 국내에서도 개봉되었다.

인도에서 배우가 되는 과정을 살펴보면 남자 스타들은 대개 영화계의 2세나 3세들로 가문이 좋아야 하며, 여배우의 경우는 명문가 출신들도 있지만 모델이나 미인대회를 통해 데뷔하는 경우가 많다.

샤룩 칸이 볼리우드 황제로서 국민의 최고 영웅이자 자부심이 될 수 있었던 것은 가문의 배경없이 스타가 된 아주 드문 자수성가형 스타이기 때문이기도 하다. 이 영화에서 그의 부인 역으로 출연한 까졸 무케르지의 경우는 4대까지 이어지는 연기자 가문 출신의 배우다.

한편, 샤룩 칸과 더불어 인도영화에서 빼놓을 수 없는 스타가 미스월드 출신의 아이쉬와라야 라이Aishwarya Rai다. 1973년생 마흔에 가까운 나이지만 여전히 아름다운 미모를 자랑하는 인도 최고의 여배우로, 얼마 전 〈라아반Raavan〉이라는 영화를 들고 부산국제영화제를 찾았다. 그때 함께 한 〈라아반〉의 남자 주인공이 바로 그녀의 남편 아비세크 바흐찬 Abhishek Bachchan, 인도영화의 대부로 2년 전 국내에서 개봉된 영화 〈블랙〉의 배우 아미타브 바흐찬Amitabh Bachchan의 아들이며 어머니 자야 바두리Jaya Bhaduri 역시 배우로 활동 중이다.

볼리우드산 인도영화는 흔히 맛살라 무비Masala movie로도 통한다. 커리의 재료가 되는 다양한 향신료를 배합한 맛살라처럼 춤과 노래가 섞인 게 인도영화만의 특징으로 러닝타임은 기본이 3시간이다. 물론 예외적인 경우도 있지만 이렇게 긴 상영시간 탓에 이야기는 전반부와 후반부로 나뉘고 10분 정도 쉬는 시간이 주어지는데, 이때 관객들은 모두 자리에서 일어나 화장실로 혹은 매점으로 달려간다.

인도영화의 또 하나의 특징은 상당수가 해피엔딩을 고수한다는 것이다. 낮은 계층의 인도인들이 신분상승이나 경제적으로 풍요로워지기란 불가능에 가까운 일, 그런 그들에게 영화는 현실의 탈출구가 되어주기 때문이다. 인구의 절반이 절대 빈곤층인 인도에서 영화는 고단한 삶을 위로해주는 유일한 안식처라고나 할까.

참혹한 전쟁의 흔적, 아프가니스탄을 가다

누구를 위한 전쟁이었을까
악마가 지나간 자리엔
희망마저 뺏어간 쓰라린 상처뿐.

시린 상처를 치유하려는 듯
카불의 마른 땅에
봄비가 내린다.

카불산에서 본 카불시의 모습

우즈베키스탄과 아프가니스탄의 경계 '아무다리야강'

세계사에서 전쟁이 없었던 적이 단 하루라도 있었을까? 이라크와 아프가니스탄, 아프리카의 르완다 등은 지금도 전쟁 중이다. 사실 휴전선을 사이에 두고 남북이 대치한 우리나라도 엄밀히 말하면 전쟁을 쉬고 있을 뿐이

● 아프가니스탄[Afghanistan] – 중앙아시아

공식명칭 아프가니스탄이슬람공화국(Islamic Republic of Afghanistan)
인구 29,835,392명 **면적** 647,500km² **수도** 카불
정체 · 의회형태 과도정부 **국가원수/정부수반** 대통령/대통령
공식언어 다리어(페르시아어의 일종), 파슈토어 **독립** 1919.08.19
화폐단위 아프가니(afghani/Af)
종교 국교, 이슬람 **1인당국민소득** $900, 215위

집이 무너지고 차가 뒤집혀 있어도 아이들은 수레를 끌며
생계를 이어가고 있다.

다. 전쟁터에서 무슨 문화를 논하겠는가마는 수많은 총탄과 포화로 폐허가 된 그들의 참상이 우리에게 시사하는 바는 결코 적지 않다.

아프가니스탄. 지난 2007년 일산의 한 교회소속 선교사들이 집단으로 납치돼 몇몇은 목숨까지 잃은, 우리에게 공포와 충격을 불러일으켰던 금역禁域의 땅이거늘, 지난 2003년 봄에 이곳을 찾았다. 탈레반정권이 권좌에서 물러나 지금의 근거지인 북부 지역으로 옮겨가면서 평화의 기운이 움트던 그 즈음이었다.

반쯤 무너진 집에서 사람들이 천막을 치고 살고 있다.

시내에는 아직도 총을 든 군인들이 곳곳에 있다.

처음 찾은 곳은 우즈베키스탄과 아프가니스탄의 경계선인 아무다리야강이다. 두 나라를 사이에 두고 철조망과 전기철선이 2킬로미터 정도 둘러쳐져 있다. 다리 아래는 시쳇말로 저승길이다. 강줄기를 가운데 두고 새까만 어둠이 주위를 감싸고 있다. 검정인지 코발트인지 모를 강물 위에 나룻배 하나만 띄우면 영락없는 저승행차다. 육신은 이승인데 서사敍事는 저승이니, 전도前導가 순탄치 않음이 분명하다. 그때 멀리서 어른거리는 점 하나, 움직임이 기민하다. 후다닥, 뭔가 다가온다. 온몸에 전율이 인다. 눈을 돌리는 순간 소총의 총구가 코앞이다. 경계병이었다.

관광객이라고 설명하자 이내 표정이 누그러졌다. 헌데 자세히 살펴보니 동공에 초점이 없다. 군인이라기엔 너무 늙었다. 냄새 또한 적이 수상쩍다. 코를 벌름거리자 그제서야 가이드가 말문을 열었다. 아편에 취했단다. 극심한 가난과 배고픔, 아편에 찌든 탓에 갓 마흔의 나이에도 예순의 주름이 얼굴에 깊게 패였다. 다리 밑이 시커먼 것도 강 주변 갈대밭을 온통 태웠기 때문이란다. 아프가니스탄은 아편의 주재료인 양귀비 산출국이다. 양귀비가 지천으로 널려 있어 이를 노리고 밀매상들이 국경을 넘는 게 다반사다. 그래서 이들을 포착하기 쉽도록 어른 키만한 갈대들을 모두 새까맣게 태운 것이다.

지뢰를 밟아 한쪽 다리를 잃은 소년

지뢰밭. 곳곳에 지뢰밭이 아직 남아 있다.

칭기즈칸의 후예들이 사는 '하자르족' 마을에서 지뢰를 밟다

수도 카불에서 좀 떨어진 곳에 하자르족 마을이 있다. 하자르족은 칭기즈칸의 후예들이다. 탈레반은 수백 년 전 자신들의 선조를 몰살시킨 칭기즈칸에 대한 앙갚음으로 정권을 잡자 이 지역을 죽음의 땅으로 만들었다. 주택의 대부분이 폭격을 받아 절반은 허물어지고 남은 절반도 벽이나 창문 없이 천막으로 가려져 있었다. 아예 씨를 말릴 작정으로 주택가 인근에 지뢰까지 매설해놨다. 하지만 극과 극은 통한다고 했던가. 절망의 끝에서 하자르족은

다시 희망을 품었다. 높은 산 언저리까지 당나귀로 돌을 실어나르며 새 보금자리를 만드느라 여념이 없었다.

　그런 희망의 사진을 찍는 데 몰두한 순간이었다. 갑자기 고함이 들렸다. 연이어 소총의 노리쇠를 당기는 소리가 곳곳에서 들렸다. 여차하면 쏜다는 경고였다. 뭔가 잘못됐다. 발을 들려는 순간 다시 고함이 들렸다. "꼼짝 마!" 군인들이 조심스럽게 다가왔다. 지뢰를 밟은 것이다. 등줄기로 식은땀이 흘러내렸다. 시간이 제법 걸렸지만 그들의 능숙한 솜씨로 마침내 지뢰를 제거했다. 생사生死가 엇갈리는 순간이었다. 나는 다행히 목숨을 건졌지만 하루에도 20여 명이 지뢰사고로 목숨을 잃는다고 했다.

정비공 청년과 카불공대
총장을 부산으로 초대하다

카불 시내에서 단연 눈길을 끈 곳은 자동차 수리공장. 온통 총탄 자국으로 구멍이 숭숭 뚫린 폐차 직전

카불공대 학생회관

의 차량들을 이리 펴고 저리 두드리니 제법 그럴듯하게 고쳐졌다. 그런데 반나절 동안 사용한 공구는 드라이버와 망치뿐이었다. 20대의 정비공은 자신을 카불공대 학생이라고 소개했다. 전장戰場의 대학은 어떨까. '카불의 맥가이버(?)'라 할 만한 정비공 청년의 집에서 하룻밤을 묵은 뒤 이튿날 카불공대를 찾았다. 이른바 아프가니스탄 최고의 대학이다. 하지만 대학이라기엔 너무나 황폐했다. 무엇보다 컴퓨터 한 대 없다는 설명은 안타까움을 자아냈다. 현지에서 바로 강남주 당시 부경대 총장에게 전화를 걸었다. 인도적 차원에서 중고컴퓨터를 지원하기로 약속받았다.

여행을 마친 뒤 이들과는 후일담이 생겼다. 그해 6월 정비공 청년과 카불공대 총장을 부산으로 초대했다. 기증 컴퓨터도 가져갈 겸 들른 것이다. 헌데 음식이 입에 맞지 않아 먹지 못한다고 했다. 아예 '밥'을 처음 본다고 했다. 30년 전쟁통에 오직 옥수수 전분으로 만든 빵만 먹은 것이다. 할 수 없이 이들은 햄버거로 허기를 달래야 했다. 팍스 아메리카나Pax Americana의 위용이랄까. 그나마 다행인 것은 햄버거는 먹어본 적이 있다는 것이다. 그들은 아시아의 주식主食보다 미국산 햄버거와 더욱 친숙해져 있었다.

카불 타이타닉 시장

간다라문화의 정점에 섰던 아프가니스탄, 아편과 포화, 폐허로 황무지화

아프가니스탄은 역사적으로 의미가 깊은 곳이다. 고대에는 간다라문화가 태동했고 중세에는 실크로드의 요충지였다. 카불 국립박물관은 아프간전쟁 전엔 30만 개의 유물이 있었는데 지금은 10만 개 정도밖에 남아 있지 않다. 탈레반정권이 이슬람 원리주의에 따라 타 종교를 박해했기 때문이다. 2001년에는 세계문화유산인 바미안 석불을 훼손했다. 서기 2세기 쿠샨 왕조부터 간다라 양식까지 20여 만 점의 훼손 유물 가운데 불상 등 불교유적이 70퍼센트에 이른다.

아프가니스탄의 현대사는 전쟁으로 점철됐다. 1978년 친 구소련파 세력이 쿠데타로 왕정을 끝내면서 아프간전쟁이 촉발됐다. 사회주의이념 아래 무리하게 근대화정책을 추진하다가 이에 반발한 이슬람연합과 전쟁이 붙은 것이다. 이듬해엔 구소련이 개입했다. 전쟁은 구소련과 정부군, 이슬람과

반정부군이 각각 편을 나눠 9년 동안 이어졌다. 1989년 이슬람연합이 구소련군을 물리치고 정권을 장악하는 것으로 일단락됐다. 하지만 이슬람연합 내에서 다시 권력투쟁이 일어나는 바람에 오늘날까지 내전이 이어지고 있다. 처음엔 파슈툰족을 대표하는 탈레반이 헤게모니를 잡고 여타 종족의 연합체인 북부동맹과 전쟁을 벌였다. 그러나 2003년 파슈툰 탈레반이 권좌에서 물러나면서 전세가 뒤집혔다. 파슈툰의 추락에는 9·11테러의 주모자인 오사마 빈 라덴을 숨겨준 데 대한 미국의 보복이 있었다.

카불강을 끼고 있는 타이타닉 시장은 한때 루비, 에메랄드 등 보석시장으로 유명했다. 예전에 미치지는 못하지만 장보러 나온 여성들도 제법 눈에 띄었다. 차도르를 벗고 맨 얼굴을 드러낸 여성도 간혹 보였다. '타이타닉'이란 이름은 내전으로 단번에 성쇠盛衰가 뒤바뀌었다고 해서 침몰한 여객선인 '타이타닉호'에 빗대어 지어졌다.

카불 박물관에 보관되어 있는 유물

반면에 '함맘'이라는 대중목욕탕은 탈레반정권의 추락 덕분에 소생했다. "나체를 드러내는 것은 이슬람 율법에 맞지 않다"고 하여 폐쇄되었지만 다시 문을 열었다. 목욕탕이라 해도 다들 옷을 입고 목욕한다. 일부 부유층은 칸막이된 독탕에서 옷을 벗고 씻기도 한다. 때를 불리는 큰 탕은 없고 전부 한켠에서 물을 조금씩 부어가며 씻는다. 목욕탕에 갈 형편이 안 되는 사람들은 마을의 공동우물에서 씻는데 한 컵 정도의 물로 세수를 마친다. 하지만 식수가 오염돼 위생은커녕 생명마저 위협받는 상황이다.

한때 간다라문화●의 정점에 섰던 아프가니스탄이 아편과 포화, 폐허의

황무지로 변한 건 오직 동족상잔의 전
쟁 때문이다. 다행히 당장은 총성이 사
라졌지만 통일이 이루어지지 않는 한
우리에게도 언제 다시 있을지 모를 비
극이다. 극도의 가난과 기아飢餓의 참
상을 직접 보면서 느낀 전쟁에 대한 경
계심. 그들의 절망에서 우리가 꼭 배워
야 할 교훈이다.

카불박물관에 보관되어 있는 유물. 탈레반은 우상숭배라는
이유로 수많은 불교유적을 파괴했다.

● **간다라미술** 기원 전후 5세기경 사이에 파키스탄 페샤와르 지방에서 만들어진 그리
스·로마풍의 불교미술을 일컫는다. 인도에서는 BC 3세기 이후부터 생겼으나, 간다라에
서 처음으로 불상을 만들었다. 그 이전에 불타佛陀는 오직 보리수菩提樹·스투파·법륜
法輪·보좌寶座 등 상징적으로만 표현되었으나 그후 이를 인간적인 모습으로 나타내며,
이러한 형태의 불상을 일반적으로 간다라불상이라 칭하게 되었다.
그 특징은 머리카락이 물결모양의 장발이라는 점과 눈언저리가 깊고 콧대가 우뚝한 용모
를 하고 있어 마치 서양사람과 흡사하다는 점이다. 또 얼굴 생김새가 인간적이고 개성적
이며, 옷 주름이 자연스럽게 새겨졌다는 점이다. 이것은 간다라불상이 그리스풍의 자연
주의·현실주의에 바탕을 두고 있음을 입증하는 것이다.
역사적 근거로는 이 지방에 알렉산드로스대왕이 침입(BC 327~BC 326)한 이래 BC 2세기부터 AD 1세기에 걸쳐
그리스계 문화가 아프가니스탄에 이식되었을 것으로 보는데, 간다라 조각 중에 이를 입증하는 제우스·아테나·헤
라클레스·아틀라스 등의 그리스신화 주제主題가 담긴 상이 발견되었다는 점에서 미루어 알 수 있다.
간다라 조각을 대표하는 것은 불전도佛傳圖와 불타상이다. 보살도 많지만 특정한 보살은 관음觀音과 미륵彌勒뿐이
다. 조각은 거의가 부조浮彫이고 주재료는 청흑색의 각섬편암角閃片岩이다. 석회상石灰像은 말기 간다라불상과 아프
가니스탄의 간다라계 작품에서 많이 볼 수 있다. 이와 같은 간다라 조각은 대월지족이 세운 쿠샨왕조(40~245년경)
의, 특히 카니슈카왕(2세기 중엽) 때 가장 활기를 띠었다. 사진은 아프가니스탄 혹은 파키스탄 북서쪽에서 발견된
'간다라미술'의 원형을 보여주는 부처상. 4~5세기경의 작품으로 추정

요르단 아라비아사막의 끝자락 바위산의 '알 카z
유목생활을 하던 베두인족의 발자취
세계 7대 불가사의,
요르단의 고대도시 페트라

중국의 진시황이 북방 유목민의 침입을 저지하기 위해 쌓은 '만리장성',
해발 2,430미터 고원에 우뚝 솟은 사라진 문명 잉카의 수도 '마추픽추', 또
다른 잃어버린 문명 마야의 중심지 멕시코 '치첸이트사', 글래디에이터들
의 삶과 죽음이 피로써 배어난 로마의 '콜로세움', 무굴왕조의 샤자한 황제
가 황비 마할의 죽음을 애도하며 만든 인도의 신비 '타지마할', 38미터의
높이만큼 피지배의 한이 묻어나는 브라질 항쟁의 상징 '예수상' 그리고 자
연이 만든 아라비아의 상징, 요르단 '페트라'의 공통점은 무엇일까?

모두 지난 2007년 세계7대 불가사의재단이 새롭게 발표한 세계 7대 미스
터리들이다. 역사를 거슬러 고대와 중세를 이어오며 인류의 작품이라기엔
상상하기 어려운 문명사의 걸작들이다. 하지만 이 가운데 나는 신이 빚어낸
유적지인 페트라를 최고로 꼽고 싶다. 물론 페루의 우루밤바강을 휘감은 계
곡 위로 스페인 정복자들의 눈을 피해 '세상의 중심에서 싸우리라'며 하늘
을 뚫을 만큼 높은 산꼭대기에서 최후까지 저항의 기치를 내세운 마추픽추
도 장관이지만, 이곳만큼 자연과 절묘하게 어우러지진 못했다고 생각한다.

요르단은 시리아, 이라크, 사우디아라비아의 아랍계와 이스라엘 사이에
낀 작은 국가다. 요르단이 분명 아랍의 일원이긴 하지만 이스라엘과 국교를
수립하고 국경도 열어 '국제적인 화약고'에서 유일하게 이슬람과 유대교가
소통하는 완충지대 역할을 하고 있다. 전형적인 농업국가지만 사람이 살기

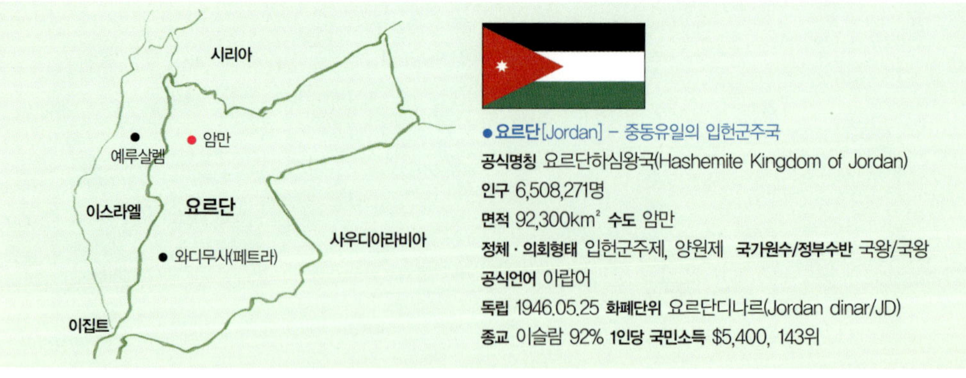

●요르단[Jordan] – 중동유일의 입헌군주국
공식명칭 요르단하심왕국(Hashemite Kingdom of Jordan)
인구 6,508,271명
면적 92,300km² 수도 암만
정체·의회형태 입헌군주제, 양원제 국가원수/정부수반 국왕/국왕
공식언어 아랍어
독립 1946.05.25 화폐단위 요르단디나르(Jordan dinar/JD)
종교 이슬람 92% 1인당 국민소득 $5,400, 143위

힘든 사막 등 척박한 땅이 국토의 4분의 3에
이를 정도로 열악한 환경을 지녔다. 아라비
아의 보물인 석유라도 묻혔으면 다행이겠는
데 그런 축복마저 허락받지 못했다. 게다가
먹을 물까지 부족해 이웃 시리아로부터 얻어
쓰는 형편이다. 석유도 없고 물도 없고 사방
은 사막으로 가로막힌, 어찌보면 '자연이 외
면한(?)' 이 땅의 국민들에게, 그러나 세상 무
엇과도 바꿀 수 없는 자랑거리가 있다. 사우
디아라비아의 땅밑에 깔린, 세상 자동차들의
100년 연료가 될 만큼 많은 석유를 준다고 해

페트라 주변에 살던 유목민인 베두인

도 결코 바꾸지 않을 보물, 그것이 바로 페트라다.

　요르단 아라비아사막의 끝자락, 사막을 얼마간 가로질러 언덕굽이로 내려가다 산허리를 돌자 멀리 노을에 물든 거대한 바위산이 신기루처럼 눈앞을 가로막았다. 원래 붉은색 사암이 노을빛에 반사되어 황토색 뭉게구름이 하늘에 걸친 듯했다. 안내인에 따르면 그 옛날 바닷속 대륙붕이 지각변동에 의해 땅 위로 솟구친 것이라 했다.

　바위산은 올라가는 입구부터 '신의 조화' 다운 장엄함이라 할 만큼 자연 그대로의 비경이 펼쳐진다. 수만년에 걸쳐 바다 밑을 흐르던 해류가 바위산에 조그만 구멍을 뚫었고 마침내 산 전체를 관통하는 기나긴 협곡을 만들어 냈다. 최초엔 몇 밀리미터에 불과하던 틈새가 해수의 흐름으로 차츰 넓어지다가, 또 그 세월의 흐름 위로 켜켜이 쌓인 공덕이 어느 날 융기라는 거대한 땅의 변화와 어울려 사막 위로 치솟은 것이다. 원래 물살이 드나들던 폭 4~5미터의 그다지 넓지 않은 곳이었다. 반면 높이는 100여 미터에 이를 만큼 높았다. 양쪽으로 암벽이 2킬로미터나 이어진 천연 그대로의 바위 터널이었다.

　기원전 7세기경, 이곳에 정착한 '나바테아'인들은 페트라 왕국을 세우고 이 협곡터널을 지나는 대상들로부터 통행료를 받아 갖은 영화를 누리며 인공의 유적들을 가미했다. 세월이 흘러 그 많은 조각들이 부서지고 유적들 또한 이제는 형태를 알아보기 힘들 정도로 훼손됐지만 당시의 융성함을 짐작하기엔 충분했다. 터널을 나서는 순간 마주하는 '알 카즈네'는 높이 45미터의 바위산 전체를 하나로 조각한 페트라 최고의 유적이다. 전면에 높이 35미터의 돌기둥이 6개 서 있는데 각각 그리스 신을 상징하는 식물과 여인

세계 7대 불가사의 중 하나인 요르단의 페트라. 그리스어로 바위라는 뜻이다.
자연이 만들어낸 기암협곡이 탄성을 자아내게 만든다.

터널을 나서는 순간 마주하는 '알 카즈네'. 페트라 하면
알 카즈네라고 할 정도로 이름난 유적이다.

의 조각이 좌우에 새겨져 있
다. 또한 제일 윗부분에 놓인
항아리 형태의 조각은 나바테
아인들이 그곳에 보물을 숨겼
다고 하여 '알 카즈네(보물창
고)'라고 이름 붙였다.

페트라는 그리스어로 '바
위'라는 뜻이다. 나바테아인
들은 절벽의 바위산을 통째로
깨서 사원을 만들고, 왕의 무
덤과 집을 만들었다. 건물들
도 대부분 암벽을 파서 만들

곳곳에서 바위를 깎아낸 흔적들을 만날 수 있다.

었으며 극장과 목욕탕, 상수도가 갖춰진 현대 못지않은 도시구조를 이룩했
다. 붉은 빛이 감도는 사암으로 만들어진 이 도시는 앞서 설명한 거대한 바
위산 협곡터널과 이를 활용해 만든 왕가의 무덤, 유적 등이 연출해내는 장
관이 그야말로 보는 이의 눈을 압도한다. 특히 해질녘의 페트라는 보는 방
향과 햇빛의 각도에 따라 붉은색과 노란색이 환상적으로 섞이며 자연과 인
공이 어우러진, 결코 현실에서는 경험할 수 없는, 만약 있다면 상상 속에서
나 가능할 것 같은 천상의 컬러를 엮어낸다. 감탄사가 절로 나지만 그 장관
에 대해 딱 잘라 말하기엔 나의 글재주가 부족함을 통감한다. 페트라를 제
대로 체험하기엔 하루로 모자라지만 노을에 물들어가는 도시전체를 볼 수
있다면 그것만으로도 충분할 것이다.

페트라는 엄청나게 넓고 볼 것도 무궁무진하다.

사람 키의 몇 배는 될 법한 기둥이 일렬로 늘어서 있다.

그동안 페트라는 6세기에 있었던 지진에 의해 사라진 것으로 알려져 왔다. 서기 106년 로마에 점령되면서 요르단에도 돌을 쌓아 건물을 짓는 양식이 도입되었으며, 그후 천연바위를 이용한 건축양식은 사장된 것으로 보이다가 1812년 스위스의 젊은 탐험가에 의해 발굴되면서 다시 세상에 알려졌다. 발굴 이전까지 페트라는 소수의 베두인족만 아는 그들만의 보물창고로 남아 있었다.

베두인족은 팔레스타인족과 함께 요르단 인구의 절대 다수를 차지하는 민족이다. 수천년 동안 오아시스나 강을 찾아다니면서 낙타, 양, 염소 등 가축을 키우는 유목생활을 해온 탓에 간이텐트 생활은 그들의 일상이 되었다. 사우디아라비아를 비롯해 시리아, 이란, 북아프리카까지 광범위하게 흩어져 사는 베두인족에게는 고향이 따로 없다. 단지 풀과 물이 있는 곳이면 어디든 고향인 셈이다. 역사적으로 그들은 매우 호전적이어서 타종족들에겐 경계의 대상이었다. 전사들이 낙타나 말을 타고 사막을 질주하며 농경민족이나 대상隊商들을 상대로 공물을 받거나 약탈을 해가며 한때 세력을 떨치기도 했다.

그렇다고 해서 베두인족이 무례하거나 타민족을 무시하는 건 아니다. 되레 그 반대로 친절한 기질을 타고난 사람들이다. 사막을 지나다가 물 한 모금 얻어 마시려 말을 건넸는데, '압둘'이란 그 사람 나를 천막 안으로 안내하곤 카펫이 깔린 응접실에서 물뿐 아니라 커피와 차까지 대접했다. 처음엔 '각별히 친절한 사람이구나' 생각했는데 압둘뿐 아니라 만나는 사람들마

바위뿐인 페트라지만 이곳에도 그 기후에 적응한 식물들이 살고 있다.

다 모두 그랬다. 베두인족은 일정한 거처없이 돌아다니는 탓에 내일이면 자신도 나그네가 될 수 있다고 여긴다. 해서 찾아오는 손님을 융숭히 대접하는 것을 일종의 전통처럼 여기며 살아온 민족이다. 다만 남자 없는, 여자나 아이들만 있는 텐트 속으로 들어갔다간 죽음(?)을 각오해야 할 만큼 봉변을 당할 수 있으니 조심해야 한다.

페트라의 유적에 반하고 베두인족의 친절에 취해서 무슬림의 사막임을 잊고 함부로 행동했다간 세계 7대 불가사의의 하나로 당신의 실종이 추가될 수 있음을 결코 잊지 말아야 한다. 사막을 여행하면서 무엇보다 조심해야 할 것은 여자와 술이다. 절대로 잊지 마시길 바란다.

◀ 이름 모를 동물의 뼈
◀ 유목민들이 풀어놓은 염소떼
▲ 'Top of the world'는 높은 위치에 걸맞게 지은 바로 옆 천막카페의 이름이나.
오른쪽 위로 요르단 국기도 보인다.

알 데이르Al Deir. 페트라에는 이 외에도 수많은 유적들이 산재해 있다.

나바테아인들은 거대한 바위산 '페트라'를 어떻게 통째로 조각한 것일까

1985년 유네스코가 지정한 세계문화유산 페트라. 지난 2008년 성악가 파바로티의 추모공연이 열렸고 프랑스의 샤르코지 대통령과 모델인 그의 아내 카를라 브루니의 밀월 여행지이기도 했던 곳. BBC방송에서 선정한 '죽기 전에 꼭 가봐야 할 50곳'에 16위로 오른 곳. 영화 〈트랜스포머2〉와 〈인디애나존스3–최후의 성전〉의 배경이 된 곳.

한데 페트라의 중심건물인 '알 카즈네'는 인디애나존스에서 성배를 지키는 십자군 기사가 은거하는 곳으로 나왔으나 실상 안으로는 들어갈 수 없다. 바위의 겉면만 깎고 내부는 만들지 않기 때문이다. 유적지 근방 호스텔에서는 실제로 투숙객을 위해 로비에서 온종일 이들 영화를 무료로 틀어준다. 그렇다면 나바테아인들은 이 거대한 바위산을 어떻게 통째로 조각한 것일까. 그들은 바위를 평평하게 깎아 설계도를 그린 뒤, 그대로 위에서부터 아래로 파들어갔다. 바위 윗부분에 수직으로 관통하는 구멍을 뚫어 아래로 내려가면서 공간을 만든 것이다. 이들은 바위 자체를 신으로 숭배했다.

현재 발굴된 건물만 800여 개, 페트라 전체의 4분의 1정도로 80퍼센트 이상은 아직도 모래 속에 묻혀 있는 것으로 추정된다. 이렇게 나바테아인들은 불후의 문명유산을 남겼으나 유감스럽게도 역사기록은 남기지 않았다. 6세기 파피루스 뭉치에서 582년 혼례기록을 끝으로 페트라에 대한 기록은 보이지 않는다. 그들은 당시 널리 쓰이던 아람Aramaic 문자를 사용했고 지금까지 약 4천 점에 이르는 나바테아인들의 문자기록이 수집되었다. 그러나 이들 기록은 아주 단편적인 것으로 그들의 역사와 관련된 내용은 거의 없다. 고도의 문명을 이룩했던 나바테아인들이 문자를 사용하고도 그들의 역사와 문학, 사상과 종교를 기록으로 남기지 않았다는 것은 고대문명이 안고 있는 또 하나의 수수께끼다.

여행적기는 10월 중순에서 11월 말, 5~9월까지는 가장 더운 시기이므로 피하는 것이 좋다. 그런데 입장료가 만만치 않다. 자국민에게는 단돈 1500원의 입장권이 외국인에겐 80달러, 이것도 머지않아 100달러로 인상할 거란다.(2011년 2월 현재)

페트라 내의 계단들조차 돌을 붙여서 만든 것이 아닌, 깎아 만든 것이라는 점에 놀라움을 금할 수 없다.

느림의 미학, '부처의 나라 미얀마'

아웅산 묘지, 부처 살아생전 건립되었다는 '쉐다곤 파고다'

미얀마의 아침은 까마귀 소리와 인근 사찰의 법문 외는 소리로 열린다. 스님들의 탁발행렬이 이어진다.

비행기 창문 밖으로 양곤의 모습이 눈에 들어오기 시작한다. 황금의 나라답게 공중에서도 수많은 황금빛 사원들이 여기저기 보인다. 대충 눈으로만 둘러봐도 10여 개는 넘는 것 같다. 양곤공항에 도착하니 국제공항치고는 작고 아담하다. 모니터를 보니 하루에 뜨는 비행기가 스무 대도 안 되는 듯하다. 공항을 지은 지 얼마 안 되었나 무척 깔끔하다. 출입국에서 이들 특유의 화장품인 '다나까'를 바른 심사위원의 모습을 보니 미얀마에 와 있음을 실감한다. 미얀마인들의 전통화장품 다나까는 말 그대로 다나까라는 나무를 맷돌처럼 생긴 돌에 갈아 물을 적시면 생기는 뽀얀 즙을 얼굴에 바르는 것인데, 예로부터 미얀마인들은 이 다나까로 더위를 견디고, 강렬한 태양열로부터 피부를 보호해왔다.

공항을 나와 숙소로 가는 버스에서 창밖을 내다보니 지나다니는 버스들은 20~30년 된 중고차들이고, 오래전 낡은 사진 속에서나 봄직한 흑백의 건물들이 촘촘히 붙어 있다. 통치마 모양의 론지longyi라는 미얀마 전통의상을 입고 여유있게 걸어다니는 남자들, 작은 트럭을 개조해 만든 차량에 아둥바둥 매달려가는 사람들, 낡은 싸이카(영업용 자전거 택시)를 타고 편안히 가는 남자들……. 이 모든 풍경이 70년대 우리네 정겨운 모습이다.

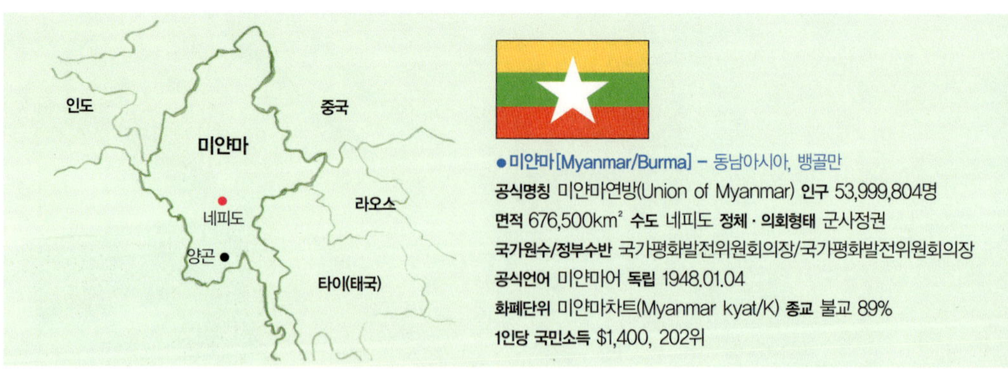

미얀마의 옛 이름은 '버마'다. 그래서인지 미얀마 하면 먼저 생각나는 것이 제5공화국 시대의 아웅산묘지 폭파사건이다. 우리나라의 김구 선생처럼 미얀마 독립의 영웅으로 추앙받는 아웅산 장군이 그의 동지였던 우 소U Saw가 보낸 저격병에 의해 암살당하여 묻힌 곳이 아웅산묘지다.

미얀마인들의 전통화장품인 '다나까'를 바른 여인과 아이들

　현지에서 들은 이야기지만, 당시 미얀마를 방문하는 외국국빈은 의전 절차상 미얀마가 자랑하는 쉐다곤 파고다를 참배하도록 되어 있었으나 불교도가 아닌 전두환 전대통령이 난색을 표함에 따라 양국의 두 외무장관은 한국의 예를 들어 국립묘지로 스케줄을 변경했는데, 그 변경된 일정과 장소가

미얀마의 아침을 여는 인근 사찰의 스님들과 한 쟁!

어떻게 누설되었는지는 아직까지도 밝혀지지 않았다고 한다.

원래 아웅산 추모탑 참배시간은 오전 10시. 이미 대통령 수행원들은 현장에 도열해 있는 상황이었으나, 10시가 되어도 의전을 담당한 미얀마 외상이 도착하지 않자 당시 미얀마 대사인 이계철 버마대사에게 먼저 현장에 가보도록 지시를 내렸다. 의전절차에 착오가 발생하자 당황한 이 대사의 차량은 국가원수가 주재국 체재 중에는 대사 전용 차량의 국기를 내려야 함에도 그대로 단 채 묘지에 도착했고, 원거리에서 보던 테러범의 눈에는 이 대사의 외모가 전 대통령과 비슷한 대머리인지라 그를 대통령으로 오인했던 모양이다. 게다가 숙소 앞에 대기하고 있던 경호단도 차량경호를 시작했고, 아웅산 묘지에 도착했을 때는 이 대사행렬을 전 대통령 도착으로 착각한 묘역 의전행사팀이 진혼곡을 울리기 시작했다. 아무리 주도면밀하게 준비한 테러범이라 하더라도 오인할 수밖에 없는 상황이었다. 이계철 대사를 비롯한 수행각료와 수행원 16명이 현장에서 사망하고 15명이 중경상을 입은 강력한 폭발이 아웅산 묘지를 한순간에 아비규환으로 만들어버렸다. 암살의 대상은 당연히 전 대통령이었을진대, 그가 살아남은 것은 의전상의 실수 덕분이었다고 하니 아이러니한 일이다.

탁발을 하는 어린 동자승

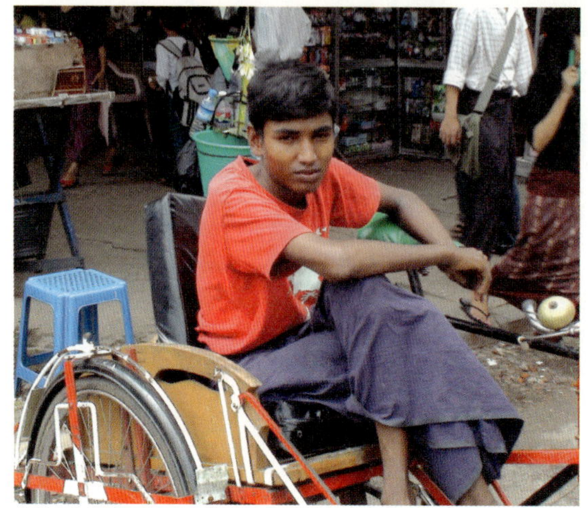

미얀마 전통의상 론지라는 이름의 긴 치마로 남녀 할 것 없이 자연스레 입고 다닌다.

미얀마의 아침은 까마귀 소리와 인근 사찰의 법문 외는 소리로 열린다. 이른 새벽 일어나 가까운 재래시장을 둘러볼 요량으로 사진기 들고 숙소를 나섰다. 거리로 나서자마자 눈에 띄는 것은 스님들의 탁발 행렬. 작은 종을 흔들어주는 길잡이가 앞장을 서고 그 뒤로 30~70명의 스님들이 공양 받을 발우를 들고 줄지어 걸어간다. 어린 승려부터 나이든 승려까지 모두 맨발로 조용히 엄숙하게 걷고 있다. 젊은 여인이 큰 밥통을 들고 길가에 서 있다가 차례대로 한 주걱씩 밥을 퍼 정성스레 발우에 담아준다. 보시를 하는 그들 역시 모두

● **신뿌의식** 미얀마에서는 신뿌의식을 치러야 성인이 된다고 믿는다. 이것은 일종의 마을공동체 축제로, 마을마다 날짜를 정해 공동으로 의식을 치른다. 먼저 동네의 놀이패와 악단이 앞서 등장해 흥을 돋우고, 그 뒤로 동네아이들이 꽃을 들고 축하를 한다. 그리고 부처가 왕자의 신분으로 출가했듯, 그 뒤로 출가하는 아이가 화려한 비단옷을 입고 등장한다. 이때 흥미로운 것은 부자 부모들은 아이를 자가용에 태우고, 가난한 부모들은 소나 말에 태우고, 그런 형편조차 안 되는 아이들은 부모가 직접 자기 어깨에 목말을 태우고 등장한다는 것이다. 그 뒤를 일가친척, 동네사람들이 스님께 바칠 공양물을 들고 동네 한 바퀴를 돌고 나면 이제 아이는 자신이 수행할 절에 가서 공양물을 바치고 머리를 깎게 된다. 깎은 머리카락은 흰 보자기에 싸서 인근 파고다 아래 묻고, 고승이 건네는 바리를 받고 수련승으로 지켜야 할 10계의 서약을 하면 이로써 신뿌의식은 끝이 나고 아이는 곧바로 승려생활에 들어간다. 이때 부모는 가사, 상의가사, 망토가사, 탁발그릇, 면도칼, 바느질도구, 허리끈, 물 여과기 등 8가지 승원생활을 위한 필수품을 기증한다. 아이는 승원에 1~6개월 동안 머물며 탁발수행 과정을 익혀야 한다. 이 수행기간이 지나면 일상으로 돌아오게 되지만, 더러는 그대로 승려가 되는 경우도 있다. 미얀마에서는 이처럼 신뿌의식을 치른 후에야 한 명의 완전한 성인으로 인정받고 결혼자격이 주어진다. 적어도 미얀마 남자라면 한 번은 승원생활을 하길 희망하며 대부분의 사람들이 이를 실행하고 있다. 여자아이들은 귀에 귀걸이 구멍을 뚫음으로써 성인식을 대체하는데 이 의식을 나트윈Nathwin이라고 한다. 사진은 부모가 출가하는 아이를 자기 어깨에 목말을 태우고 등장하는 모습.

파고다의 나라답게 곳곳에 황금불탑이 높이 솟아 있다.

맨발이다. 동네사람들은 밥통을 들고 미리 나와 꿇어앉거나 합장을 하고 탁발행렬을 기다리며, 넉넉지 못한 형편에도 자신의 처지에 맞게 음식을 준비해 승려들에게 공양한다. 스님들의 긴 공양행렬은 미얀마에서 언제나 볼 수 있는 아침 풍경이다. 두 손을 합장하고 예를 갖추는 현지인들의 모습에서 부처의 나라 미얀마의 단편을 볼 수 있다.

사실 미얀마는 세계 최고의 불교국가 중 하나다. 어디를 가나 불탑을 비롯한 불교유적이 곳곳에 널려 있는데, 특히 4백만 개가 넘는다는 불탑(파고다)은 세계적인 불가사의로 알려져 있다. 미얀마의 불교는 생활 속에 자연스럽게 스며 있다. 아기가 태어나 다섯 살이 되면 사원에 딸린 유치원에 들어가 불교적인 예법과 생활규범을 배운다. 열 살 무렵에는 '신쀼' ●라는 의식을

파고다 내에서는 신발을 벗어야 한다.

통해 처음으로 불교도로서 인정받게 된다. 이 의식을 행할 때 아이는 화려한 화장에 가장 좋은 옷을 입고서 백마 타고 사원으로 들어가는데, 이때는 가족은 물론이고 마을사람들까지 모두 나와 축원을 해준다. 사원에 들어간 아이는 출가자로 한철을 보내게 된다. 일반인의 출가와 환속도 자유로워서 정식으로 율법을 지키는 수행자도 많지만, 신쀼의식 때부터 사원에 들어가 공동생활을 체험한 사람들은 사회생활을 하다가도 기회 있을 때마다 삭발하고 단기출가자가 된다.

양곤 시내를 지나다보면 하늘로 높이 솟은 황금빛 탑을 종종 보게 된다. '양곤의 영혼'이라 불리는 미얀마 전 국민의 자부심 '쉐다곤 파고다'의 모습이다. 쉐다곤을 보지 않고서는 미얀마를 완전히 보았다고 할 수 없을 정도로 유명한 전 세계 불자들의 성지순례지다. 쉐다곤 파고다는 약 2,500년 전 부처님이 살아 계실 때 건립된 것으로 추정되는데, 미얀마의 두 형제 상

쉐다곤 파고다

사면으로 만들어진 커다란 좌불.

인이 인도에서 부처님으로부터 여덟 발의 머리카락을 얻어와 봉안하고 파고다를 건립한 것이 기원이라고 한다. 이후 15세기 때 바고의 여왕이 이곳에 자신의 몸무게와 같은 양의 금을 보시하여 탑을 만들기 시작한 뒤로 역대 왕과 부자들이 경쟁하듯 금과 보석 등을 보시하여 오늘날처럼 엄청난 크기의 불탑이 되었다. 지금도 해마다 불자들로부터 받은 금과 보석을 탑에 쌓고 있다고 한다. 99미터 높이에 외벽의 금만 해도 60톤이 넘고, 탑 상단의 73캐럿 다이아몬드를 비롯하여 2,317개의 루비와 1,065개의 금종, 420개의 은종 등이 장식되어 있다고 하니 그 값어치를 돈으로 환산할 수조차 없을 정도다.

미얀마●는 현재 미국의 경제제재를 받고 있는 군부통치 국가로 얼마 전 태국을 통한 국경을 개방한 것 외에는 오직 공항으로만 입국이 가능한 나라다. 하지만 아직은 개발이 되지 않아 아름다운 자연이 그대로 남아 있는 순박한 사람들이 사는 곳이기도 하다. 마을 어귀나 사람이 많이 모이는 곳에는 길손들을 위한 물항아리가 마련되어 있다. 누군지는 모르나 더위에 지친 나그네를 위해 매일 새 물을 떠다놓는 것이다.

현지 교포의 말에 따르면 요즘처럼 바삐 돌아가는 세상에 비해 미얀마는 아직 그리 서두르지 않아도 기다려주는 미덕이 있는 곳이라고 한다. 그래서 마치 마약처럼 한번 빠지면 헤어나기 힘든 곳이라고……. 현재 공식명칭인 미얀마는 군사정부가 일방적으로 지은 이름으로 '빠르고 강하다'는 뜻이다. 여유롭고 미소가 아름다운 사람들이 사는 이곳에는 너무나도 어울리지 않는 이름이지 않는가.

미얀마 [Myanmar/Burma]

현재 미얀마의 공식명칭은 '미얀마연방The Union of Myanmar' 이다. 1989년 신군부가 쿠데타로 집권한 뒤 버마에서 미얀마로 개명했기 때문이다. 미얀마 민주화 진영에서는 "군사정권에서 국호를 마음대로 고쳐 정당성이 없으며 인권탄압국이라는 오명을 벗기 위해 국명을 바꿨다"며 버마를 고집하고 있다. 하지만 국제사회에서는 여전히 두 개의 이름이 동시에 사용되고 있다. 미국, 영국 정부 등과 〈가디언〉〈워싱턴 포스트〉 등은 버마를 쓴다. 우리나라는 1991년 정부·언론 외래어심의공동위원회 결정 이후에, 유엔은"회원국이 원하는 대로 부를 수 있다"며 미얀마로 표기하고 있다. 프랑스, 일본 등과 AP통신, 〈뉴욕타임스〉도 미얀마로 표기한다.

타이베이 야시장. 날이 어두워지면 이곳으로 향한다. 원체 더운 나라여서인지
사람들도 밤에 더 활기차고, 가게도 늦은 시각까지 문을 연다.

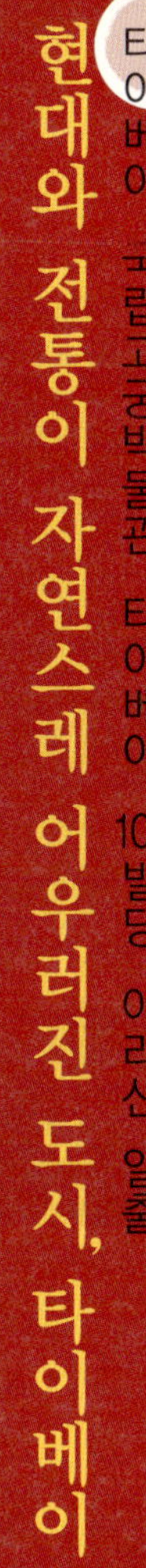

현대와 전통이 자연스레 어우러진 도시, 타이베이!

타이베이 국립고궁박물관, 타이베이 101 빌딩, 아리산 일출

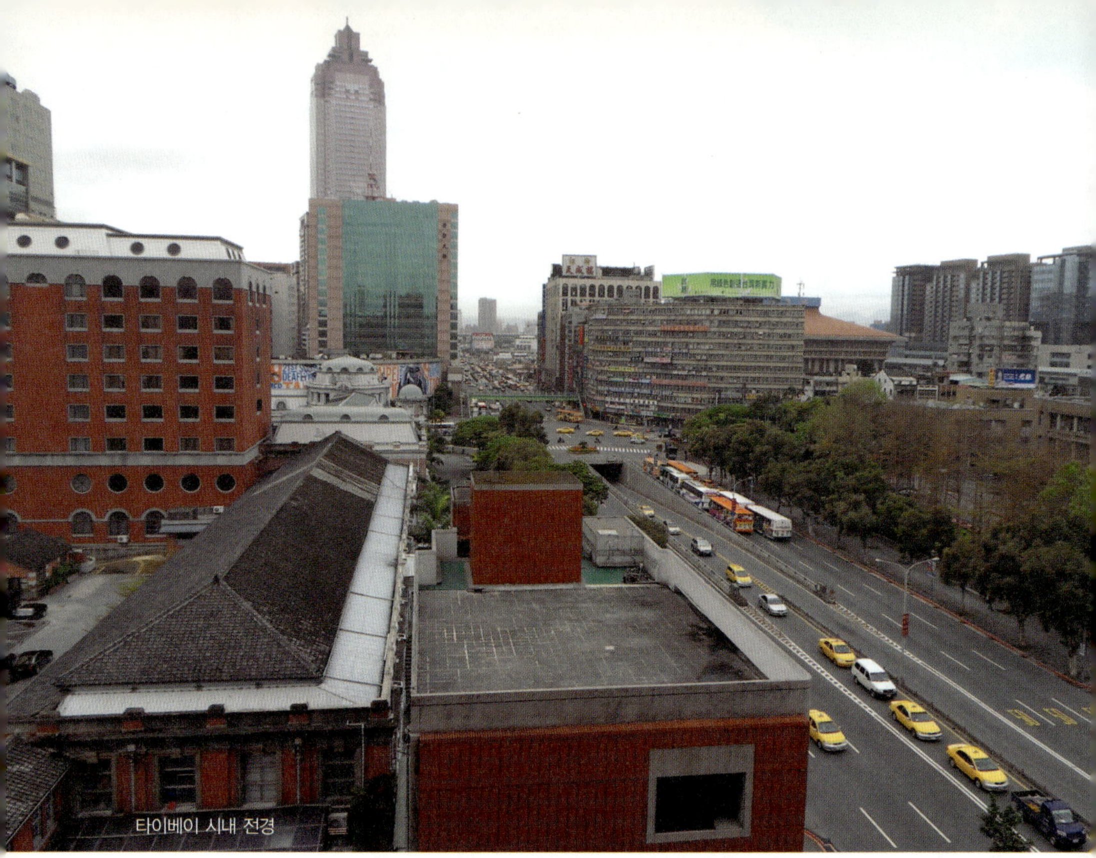

과거 열강의 지배에서 벗어나 고도의 경제성장을 이룩한 아시아의 네 마리 용, 우리나라와 홍콩, 싱가포르, 그리고 나머지 한 곳이 바로 타이완이다. 대만이라는 이름으로 우리에게 더 친숙한 국가이기도 하다.

한국에서 2시간 반 거리의 가까운 섬나라 타이완은 태평양 서안의 독립

● **타이완[Taiwan]** – 중국 본토의 남동 해안에서 160km 떨어진 곳에 있는 섬
공식명칭 중화민국(Republic of China) **인구** 23,071,779명 **면적** 35,980km²
수도 타이베이 **정체·의회형태** 공화제, 다당제, 단원제
국가원수/정부수반 총통/행정원장 **공식언어** 중국어 **독립** 1945.10.25
화폐단위 신타이완달러(New Taiwan dollar/NT$) **종교** 불교(도교) 50% 이상
1인당 국민소득 $35,700, 33위

된 섬들 중 하나로 북쪽으로는 일본과 오키나와, 남쪽으로는 필리핀 사이에 위치해 있다. 오동통한 고구마 모양을 하고 있으며 면적이 3만6천 제곱킬로미터로 남한의 3분의 1밖에 되지 않지만 남북의 길이는 남한과 거의 비슷하다.

타이완이 최고의 관광명소로 자리잡은 것은 지리적으로 왕래하기 편한 위치에 있다보니 국제선 취항이 많고, 중국의 전통문화와 예술을 이어오고

타이베이 시내에서 제일 먼저 눈에 띄는 건 오토바이

있으며, 빼어난 자연경관에 다양한 축제, 진귀한 요리에 이르기까지 관광지로서의 요건을 두루 갖추고 있기 때문이다. 타이완의 정치, 경제, 문화의 중심 타이베이는 짧은 기간에 놀라운 경제성장의 기적을 이룩한 도시다. 현대와 전통이 자연스레 어우러진 도시의 풍경과 사람들의 모습을 간직하고 있는, 알면 알수록 새로운 면을 발견하게 되는 곳이다.

타이베이에 도착하자마자 제일 먼저 눈에 띄는 건 바로 오토바이. 베트남 시내를 다니는 자전거처럼 한눈에 숫자를 파악할 수 없을 만큼 엄청나게 많다. 특히 출퇴근 시간이면 도로를 점령한 스쿠터 무리를 볼 수 있는데, 그래서인지 타이완의 도로는 별로 막히는 일이 없다. 아침저녁으로 몸살을 앓는 우리나라 도로사정에 비하면 한산하기까지 하다. 낮시간의 도로 공용주차장에는 자동차보다 스쿠터가 더 많이 세워져 있다. 관광객들 눈에는 신선하게 보이지만, 타이완에서는 스쿠터가 빼놓을 수 없는 교통수단이다.

타이베이에서 놓칠 수 없는 곳이 국립고궁박물관이다. 영국의 대영박물관, 프랑스의 루브르, 미국의 메트로폴리탄과 함께 세계 4대 박물관에 속하며 그 중 우리나라와 가장 가까운 곳에 위치해 있다. 중국 5천년 역사에 버금가는, 값으로 매길 수 없는 보물과 미술품으로 가득찬 이곳에는 천 년이 지난 초기 송나라 황실의 국보급 보물들이 특히 많은데, 중국 황실 수장품 중 최고의 것들은 모두 여기 있다고 해도 과언이 아니다. 소장한 보물들이 75만 점 가까이 되다보니 한꺼번에 전시하기 어려운 점도 있어 인기 작품들

국립고궁박물관에서 한 컷. 세계 4대 박물관 중 하나로 중국 5천년 역사가 담긴 보물과 미술품으로 가득하다.

은 항상 전시되지만 옥이나 도자기, 회화, 청동 같은 보물은 정기적으로 바꿔 내놓는다.

타이베이의 또 다른 명물은 두바이의 부르즈두바이가 완공되기 전까지 세계에서 가장 높은 건물이던 타이베이 101빌딩이다. 정식명칭은 타이베이 금융센터. 지상 101층에 지하5층, 높이 508미터로 세계 최고를 자랑하고 있다. 8층씩 묶어 총 8개의 층으로 올렸는데, 이것은 숫자 8이 중화문화에서 가장 길한 숫자이기 때문이다. 직사광선을 피하기 위해 약간씩 경사를 둔 외관뿐 아니라 지진과 바람 같은 흔들림으로부터 빌딩의 중심을 잡아주는 600톤의 원형추를 공개하고 있는 등 선진 건축기술의 진미를 볼 수 있다.

날이 어두워지면 관광객들의 발길을 끄는 곳이 야시장이다. 타이완이 더운 나라여서인지 선선한 밤이 되면 사람들이 더욱 활기에 넘친다. 백화점도 밤 10시까지 문을 열다보니 야시장도 많은 편이다. 흔히 타이완 사람들은

▲ 우리나라도 보신탕이나 보양식을 많이 먹긴 하지만 대형식당이 활성화되지는 않았는데, 여기는 그렇지 않은 모양이다. 큰 식당 입구에 4~5m의 대형 뱀을 전시해두고, 손님이 몰리는 시간에는 뱀 잡는 모습이나 뱀 싸움을 보여주기도 해서 떠들썩한 분위기가 무르익는다. 그 외에도 포장마차 같은 각종 노점상에는 과일, 해산물 등 온갖 음식들이 즐비하다.

◀ 빈랑檳郎은 옛날부터 타이완 사람들이 기호식품으로 즐긴 식물이다. 흥분, 각성 작용으로 졸리거나 술에 취했을 때 정신을 맑게 해주는 효능이 있다고 하여 운전자들이 졸음을 쫓는 데 주로 사용하는데 중독성도 있는 모양이다.

하루에 네 끼, 즉 아침 점심 저녁 그리고 야식을 먹는다고 할 정도로 야시장은 도시의 명물을 넘어서 문화로 자리잡았다. 필자가 찾아간 화시지에 야시장은 뱀과 자라 같은 보양식품을 파는 가게가 많다. 우리나라도 보신탕이나 보양식을 많이 먹긴 하지만 대형식당이 활성화되지는 않았는데, 여기는 그렇지 않은 모양이다.

큰 식당 입구에 4~5미터의 대형 뱀을 전시해두고, 손님이 몰리는 시간에는 뱀 잡는 모습이나 뱀싸움을 보여주기도 해서 떠들썩한 분위기가 무르익는다. 그 외에도 포장마차 같은 각종 노점상에는 과일, 해산물 등 온갖 음식들이 즐비하다.

또 한 가지 재미있는 것이 있다. 대추보다 조금 큰 빈랑이라는 나무열매인데 그 사이에 팥고물 같은 것을 올리고 씨앗을 넣어 씹는 일종의 껌처럼 씹으면 뻘건 물이 나온다. 빈랑은 옛날부터 타이완 사람들이 즐긴 식물의 하나로, 졸리거나 술에 취했을 때 정신을 맑게 해주는 효능이 있다. 마약류는 아니지만 약간의 각성제 성분을 지닌 중독성 있는 열매라고 한다. 호기심이 많은 사람이라도 민감한 사람들은 조심해야 한다. 하루 종일 가슴이 벌렁거릴 수도 있다.

산을 좋아하는 사람들에게도 타이완은 더할 나위 없이 좋은 곳이다. 총면적의 65퍼센트 이상이 산지이고, 3천미터급 봉우리만도 250개 이상이 모여 있다. 면적은 크지 않은 섬이지만 오랜 세월의 지각운동과 빙하기의 영향으로 높은 고도와 우거진 산세가 복잡하게 형성되어 있는 곳이다. 그 중에서도 대표적인 곳이 아리산. 일출과 운해가 유명하며 기차를 타고 산림경관을 감상할 수도 있다. 아리산 삼림철도는 인도의 다르질링 히말라야 등산철도, 페루의 안데스산 철도와 더불어 세계 3대 등산철도에 속한다. 철로길이가 71.9킬로미터로 해발 30미터에서 시작해 해발 2,274미터 높이의 아리산 종착역까지 운행되는데, 50개의 터널과 77개의 교량이 건설되어 있다.

한국에서 비교적 가까운 타이완은 수려한 자연경관과 다채로운 축제, 다양한 음식과 볼거리가 준비되어 있는 천혜의 관광지로 손색 없는 곳이다.

배낭을 싸면서

돌아올 때마다
다시는 못할 짓이라는 생각을 하면서도
왜 또 다시 출발하는지
아직도 알 수가 없습니다.

얼마나 더 아파야 하는지
얼마나 더 외로워야 하는지

그 방황의 끝을 가늠할 수도 없으면서
또 다시 시작에 서곤 합니다.

고통과 외로움은
추억이란 이름의 등불이 되어
시간이 지날수록 아름답게 타오릅니다.

좋은 추억은 오래도록
가슴 한켠에 남아
아름답고 향기롭게 눈물짓게 합니다.

그래서
다시 또 배낭을 꾸립니다.

세계 4대 박물관

영국박물관 The British Museum

1759년 일반에 공개하기 시작한 런던 블룸즈베리 지역에 있는 국립박물관이다. 세계적으로 희귀한 고고학 및 민속학 수집품들을 소장한 박물관으로 무려 1,300만여 점에 이른다. 탄생배경은 왕립학사원장을 지낸 의학자 한스 슬론경Sir. Hans Sloane이 소장한 6만여 점에 이르는 방대한 소장품을 1753년 정부가 매입하기로 의결, 로버트 코튼경Sir. Robert Cotton의 장서와 옥스퍼드의 백작 로버트 할리Robert Harley의 수집품들을 전부 모아 설립했으며, 오랫동안 증축과 이전을 통해 현재의 모습을 갖추게 되었다.

소장품들은 모두 그 성격에 따라 1881년 자연사박물관을 시작으로 영국도서관과 인류박물관에 나누어 전시하고 있다. 주요 전시품에는 소크라테스의 소형상小形像, 율리우스 카이사르 및 로마제왕들의 흉상을 비롯 아시리아의 날개 달린 황소, 성서의 알렉산드리아 사본, 마그나카르타 등 역사적으로 중요한 문헌과 조각, 조형물들이 많다. 2000년에는 한국관이 신설되었는데, 구석기 유물부터 청자·백자 등 조선후기 미술품 250여 점을 전시하고 있다.

루브르박물관 The Louvre Museum

프랑스 파리의 중심가 리볼리에 있는 국립박물관이다. 지금의 건물은 루브르궁을 개조한 것으로, 파리의 세느 강변에 위치하며 세계문화유산으로 지정되어 있다. 루브르박물관 앞의 유리 피라미드 조형물은 1981년 미테랑 대통령에 의해 발표되어 1989년 완성되었다. 초창기에 격렬한 비난과 조롱이 있었지만 현재는 루브르를 대표하는 조형물이 되었다. 이 피라미드와 박물관은 댄 브라운의 소설 《다빈치코드》의 주요무대가 되기도 했다.

박물관은 루브르궁전 내부에 위치해 있으며 이곳은 12세기 후반 착공되었다. 당시만 해도 궁이 아닌 요새였는데 루브르궁이 되기까지 오랜 기간 확장공사가 이루어졌다. 1672년 루이 14세가 베르사유궁전에 거주하기로 결정하고 루브르를 왕실 수집품 전시장소로 쓰도록 했다. 이곳에는 역대 프랑스 국왕들, 특히 프랑수아 1세, 루이 13세, 루이 14세 등이 수집해놓은 방대한 양의 미술품을 소장하고 있었는데 프랑스혁명 후인 1793년 국민의회가 이를 공개하기로 결정하면서 미술관으로 정식 발족, 그 뒤로도 미술품 수집은 꾸준히 계속되어 오늘날에 이르렀다. 소장한 미술품의 규모는 세계 최대이며, 오늘날 프랑스 미술 행정의 총 본산이기도 하다. 총 20만 점이 넘는 작품을 등록해놓고 있는데, 대표적인 레오나르도 다빈치의 《모나리자》, 밀로의 《비너스》뿐만 아니라 《함무라비 법전》 등 역사적인 유물들이 전시되어 있다. 특히 19세기 인상파 이후의 회화부문은 루브르미술관 소관에 전시하다가 1986년 완공된 오르세미술관으로 옮겨 전시하고 있다.

뉴욕 메트로폴리탄박물관
The Metropolitan Museum of Art

세계의 수도라고 하는 뉴욕에는 무려 123개의 박물관
(미술관)이 있다. 그 중에서도 관광객들의 방문 1순위
는 바로 메트로폴리탄박물관이다. 이 박물관의 탄생배
경이 좀 색다르다. 1866년 파리에서 미국 독립기념일
을 축하하기 위해 모인 미국인들이 뉴욕에도 박물관이
있어야 한다는 의견에 따라 즉석에서 설립을 제안,
1870년에 소규모로 개관했다. 초창기에는 큰 규모가
아니었으나 뉴욕의 부유한 사업가들이 관광객을 유치할 수 있다는 점에 착안, 1880년 현재 위치로 이
전하고 과감한 투자를 유치하여 소장품이 급증하면서 현재에 이르고 있다. 철저한 민간주도의 박물관
으로 소장품은 전 시대와 지역을 망라하는데 무려 3백여 만 점, 연간 입장객은 5백5십만에 이르며 직
원은 1천7백 명에 달하는 수입면에서 세계에서 가장 부유한 박물관 중 하나다. 〈고흐의 자화상〉〈렘브
란트의 자화상〉을 비롯 수많은 회화와 조각, 고대 이집트 유물들이 전시되어 있다.

타이완국립고궁박물관
The National Palace Museum

국립고궁박물관은 타이완 사람들의 자존심이 서려 있
는 곳이다. 베이징의 박물관이 소장품 수에 있어 90만
점으로 우위에 있어 보이지만, 질적인 면에서는 큰 차
이가 난다. 1949년 중국대륙 본토가 공산당 정권에 넘
어가면서 장개석 정부는 무엇보다도 난징에 있던 역대
중국황실이 소유 보존하던 자기, 옥기, 서화, 조각 등
의 보물 수십만 점을 이곳으로 이동시키는 데 주력했다. 그리고 1965년 타이베이시 스린 와이샹시에
설립되어 일반에 공개, 질과 양적인 면에서 중국 최고최대 유산의 집결지라고 할 수 있다. 청동기시대
의 아름다운 유물과 도자기, 각종 진귀한 보물들이 전시되어 있다.

> * 세계 4대 박물관은 다분히 임의적인 해석이다. 주로 영국박물관과 프랑스의 루브르박물관을
> 포함시키는 데는 이견이 없는 편이다. 다음으로 뉴욕의 메트로폴리탄박물관, 바티칸박물관
> Vatican Museums, 러시아 에르미타주박물관The State Hermitage Museum, 타이완국립고궁박물관
> 등은 미술사기의 해석이나 평가에 따라 리스트가 변동되기도 한다.

베두인족 여인

페즈로 넘어가는 어디쯤
모로코의 한적한 시골마을

베두인족 여인이 양털을 씻고 있다.

쉽게 볼 수 없는 동양인의 방문이
편하지만은 않을 터인데

일손을 멈추고
애지중지 키우던 닭을 잡아
정성스레 요리를 만들어 대접한다.

스물한 살에 어머니가 된 딸과
두 명의 손녀
네 식구가 살고 있단다.

햇볕에 그을린 얼굴과
주름진 손거죽에
베두인족 여인의 인생이 묻어 있다.

너무 맛있는 식사대접에
사례하는 손을 한사코 뿌리치곤
되레 손수 뜬 방석 겉싸개까지 쥐어준다.

지금도 모로코의 가장 맛있는 식사가
가끔씩 떠오르는 건
사람 좋은 베두인 여인이
보고파서이리라.

제 2 장
아프리카

모로코
모리타니

도곤 마을에서의 밤

별빛이 너무 밝아 착각하고 우는 닭
반디아가라 절벽 무대삼아 뮤지컬을 장식한다.
이름 모를 짐승들의 화음과
바리톤을 가진 당나귀의 기찬 소리
제각기 조명 역할에 바쁜 달과 별
어둔 밤 헤매는 도마뱀 찍찍이며
새로운 작곡발표에 바쁜 도곤의 밤
이 아름다운 밤을 나의 아둔함으로는 표현할 길 없어
천장 없는 돌마루에 누워 하늘을 지붕 삼아
아프리카 밤의 노랫소리에 잠을 청해본다.
해가 져도 담요 속에 덮인 듯 무더위는 가시지 않고
수많은 모래알이 모기장을 만들어 모기는 쫓았지만
박수치는 사막바람에 입안엔 모래가 가득 찬다.

아프리카와 유럽, 이슬람문화가 공존하는
이국적인 땅, 모로코

넓은 평원에선 한가로이 풀을 뜯는 양떼들을 쉽게 볼 수 있다.

나이가 조금 드신 분들이라면 험프리 보가트와 잉그리드 버그만이 주연 했던 흑백영화 〈카사블랑카〉를 기억할 것이다. 두 주인공이 작별하는 마지 막 장면이 감동을 주는 불후의 명작으로 할리우드가 세계 관객에게 선사해 준 가장 로맨틱한 영화로 꼽힌다. 이 영화의 배경이 되었던 곳이 바로 2차대

● 모로코[Morocco] – 아프리카 북서부
공식명칭 모로코왕국(Kingdom of Morocco)
인구 31,968,361명 면적 446,550km² 수도 라바트
정체 · 의회형태 입헌군주제, 양원제
국가원수/정부수반 국왕/국왕 공식언어 아랍어 독립 1956.03.02
화폐단위 모로코디르함(Moroccan dirham/DH)
종교 이슬람교 99% 1인당 국민소득 $4,800, 152위

모로코 전통의상 젤라바를 입은 사람들을 자주 볼 수 있다.

전 당시의 모로코다.

일찍이 아랍 지배자들 사이에선 미지의 세계로 알려진 모로코는 대서양과 지브롤터해협을 사이에 두고 유럽에 접해 있어 고대 정복국가에게 선망의 대상이었다. 모로코는 다른 어디에서도 찾아보기 힘든 독특한 문화와 전통을 지니고 있어 극도의 이국적인 멋을 느끼게 하는 곳이다. 바위와 모래로 된 사막, 사막과 맞물려 있는 높은 산, 산 너머 화사한 들꽃으로 물든 벌판, 그리고 그 땅을 감싸고 있는 지중해와 대서양의 바다, 이 모든 자연환경이 조화를 이루며 다양한 아름다움을 보여준다. 아프리카와 유럽, 이슬람문화가 공존하는 신비로운 자연환경을 가진 곳이 바로 북아프리카의 모로코다.

스페인에서 모로코로 가기 위해 스페인 최남단의 항구도시 알헤시라스로 갔다. 지브롤터해협과 아프리카 대륙으로 가는 거점도시다. 이곳에서 모로코로 넘어가는 배편은 모로코의 탕헤르로 가는 방법과 모로코 북단 해변에 붙어 있는 스페인령 세우타로 가는 두 가지 방법이 있는데, 탕헤르는 사기꾼도 많고 정신없이 복잡하다는 말을 듣고 세우타로 향 했다.

45분 정도 배를 타고 세우타에 도착. 모로코 국경으로 이동하니 출입국 사무소에 사람들이 길게 늘어서 있다. 차가 관리소 입구에 들어서자마자 입국신고서를 대신 작성해주는 사람들이 몰려들었다. 영어는 조금이나마 알아듣지만 아랍어는 도통 모르니 답답할 수밖에. 결국 큰 키에 잘생긴 청년에게 부탁하여 어렵사리 모로코에 입국했다. 국경을 넘어 처음 만나는 마을에 맥도날드 간판이 보인다. 입국하면서 예상보다 시간을 많이 보내 끼니를 걸렀던지라 반가운 마음에 햄버거 하나를 주문하니 유로화도 받지 않고 카드도 안 된단다. 당연히 카드결제는 될 줄 알고 환전을 하지 않은 탓에 모로코화폐 디르함은 한 푼 없고 여기선 쓸모없는 유로만 주머니에 들어 있었다. 고작 햄버거 하나에 마음 상하고 끼니는 걸렀다.

카사블랑카를 거쳐 마라케시로 가는 차창 밖으로 유목민들의 생활이 보인다. 동네 아이들이 당나귀를 타고 양쪽에 물통을 매단 채 줄지어 다닌다. 사막 토질인 탓에 주변 나무들은 선인장이 대부분이다. 멀리 눈 쌓인 아틀라스 산맥이 보인다. 한 폭의 그림 같은 풍경들을 지나 마라케시에 도착했다.

카사블랑카에서 차로 2시간 남짓 떨어진 마라케시는 사하라사막 가장자리

● 메디나Medina
메디나는 원래 아랍어로 '도시' 혹은 '마을'이란 뜻이다. 옛날 전쟁 시 침입한 적군들을 교란시키기 위해 만든 아주 좁은 골목들이 미로처럼 뻗어 있고 고대의 성벽이 둘러쳐진 아랍식 구시가지를 '메디나'라 부른다.

에 위치한 오아시스로 도시 전체가 붉은
흙빛의 성벽과 모스크, 그리고 다닥다닥
붙어 있는 집들 때문에 '붉은 도시'라 불
린다. 마라케시는 모험과 토속적인 아름
다움을 찾는 여행자들이 몰려오는 곳이
다. 천 년의 세월을 간직한 이 도시 구석
구석을 다니다보면 마치 낙타 타고 사막
을 건너다 오아시스를 만난 아라비아의
상인이라도 된 듯한 느낌이 든다.

높이 9미터에 길이가 12킬로미터에
달하는 붉은 흙의 성벽으로 둘러싸인 메
디나● 안에는 아랍문명의 역사를 보여
주는 건축물이 많이 남아 있지만 그 중

마라케시를 대표하는 건물 쿠투비아 모스크. 77m 높이
로 우뚝 서 있어 어디서나 보인다. 12세기에 시어진 모
스크로 예배소가 17개나 있어 2만5천 명의 신도를 수
용할 수 있다. 이 첨탑 가장 높은 곳에서 기도시각을
알리는 종 아잔을 울린다.

에서도 마라케시를 대표하는 건물은 쿠투비아 모스크다. 굳이 지도를 찾아볼 필요도 없었다. 높은 건물이 없는 메디나에서 77미터 높이로 우뚝 서 있으니 어디서건 보인다. 12세기에 지어진 모스크로 예배소가 17개나 있어 2만5천 명의 신도를 수용할 수 있다고 한다. 이 첨탑 가장 높은 곳에서 기도 시각을 알리는 종 아잔을 울려 사람들을 일깨워준다.

'메디나의 심장'이라는 제마 엘 프나 광장으로 향했다. 모로코 사람들의 삶의 채취를 강하게 느낄 수 있는 곳이다. 날이 어두워지기 시작하면 수많은 사람들로 인산인해를 이룬다. 어디서 이 많은 사람들이 나왔는지 신기할 정도다. 수많은 노천식당이 열리고 사람들은 저마다 취향대로 음식을 사먹는다. 다양한 철판요리도 있고 달팽이 요리에 모로코식 전통 소시지 요리도

노천식당 주변으로 관광객들이 몰려오고 길가에서 작은 음악회, 뱀쇼, 춤, 마술, 곡예 등이 펼쳐지고 있다.

맛볼 수 있다. 우리돈 500원 정도면 먹을 수 있는 즉석 오렌지주스도 일품이다. 광장주변의 전망 좋은 카페에서 차를 마시며 구경할 수도 있다.

노천식당 주변으로는 뱀쇼를 하는 사람, 춤을 추는 사람, 마술을 보여주는 사람, 곡예를 하는 사람, 문신을 그려주는 여인, 사람들에게 둘러싸인 이야기꾼 등 별의별

모로코의 고도 '페즈'의 전경. 801년 이드리스 왕조의 이드리스 2세가 이곳을 수도로 삼았는데 이때부터 이슬람문화의 중심지가 되었다.

사람들이 다 있다. 많은 관광객들 탓인지 사진을 찍으면 돈을 요구하기도 한다. 수많은 재주꾼들이 수백명의 군중과 어우러져 만들어내는, 세계 어디서도 볼 수 없는 분위기에 덩달아 흥분이 된다. 옛날에는 죄인을 처형하고 목을 걸어놓는 공개처형장이었던 제마 엘 프나 광장은 중세 때부터 내려온 메디나의 문화생활상을 단적으로 보여주는 곳이다. 사하라사막을 거쳐 북쪽으로 향하는 수많은 대상들을 불러들였던 이 오아시스는 지금 전 세계의 이국적 문화를 경험하고자 하는 많은 여행객들을 불러들이고 있다.

이 광장을 지나 골목길로 접어들면 좁은 골목이 미로처럼 이어진 수크(무슬림 전통시장)가 있다. 마라케시 지역에서 생산되는 수공예품이나 가죽제품, 카펫, 그리고 온갖 종류의 향신료와 견과류, 유명브랜드의 모조품까지 없는 것이 없다. 특히 수공예품들은 최고의 제품으로 인정받아 유럽의 유명

108

제마엘프나 광장을 지나 골목길로 접어들면 좁은 골목이 미로처럼 이어진 무슬림 전통시장 수크가 있다. 마라케시 지역에서 생산되는 수공예품, 가죽제품, 카펫, 공예품과 온갖 종류의 향신료, 견과류, 유명브랜드의 모조품까지 없는 것이 없다.

디자이너들이 많이 구입한다고 한다. 그 비좁은 골목길을 사람과 오토바이, 당나귀가 뒤엉켜 다닌다. 점포를 지키는 사람이 모두 남자들인 것을 보면 아랍국가임을 알 수 있다. 관광객의 눈길을 사로잡는 물품들 탓에 원치 않던 지출을 하게 되는 곳이다.

　모로코에는 예로부터 염색기술이 뛰어났다. 이곳의 특산품이라 할 수 있는 가죽제품의 염색공정 작업이 모로코의 옛 수도 페즈● 지방에서 행해져 왔다. 모두 수공으로 하는 세계 최고품질의 모로코 가죽원단을 생산하는 곳이다. 페즈의 가죽제품이 세계 최고인 것은 모든 공정과정이 전통적인 방법으로 이루어지고, 원료 또한 오직 자연에서 생산되는 것만 사용하기 때문이다. 양과 소를 잡아 가죽을 벗긴 다음 비둘기의 배설물로 털을 제거하고 독특한 색깔의 염색용 수조에서 염색하여 그늘과 햇볕에서 건조하는 전통방

모로코에는 예로부터 염색기술이 뛰어났다. 페즈의 가죽제품이 세계 최고인 것은 모든 공정과정이 전통적인
방법으로 이루어지고, 원료 또한 오직 자연에서 생산되는 것만 사용하기 때문이다.

● 유네스코 문화유산에 등재된 도시 페즈Fez

할리우드 블록버스터 〈본 얼티메이텀The Bourne Ultimatum〉의 백미는 단연코 추격신이다. 본 시리즈(전체 3편)의 추격신은 각 편마다 관객들의 기대감을 충분히 만족시켜준다. 3편격인 이 작품에서 눈과 귀를 즐겁게 해준 추격신은 바로 모로코 탕헤르Tanger에서 촬영되었다. 좁은 골목과 빼곡이 들어찬 집들, 집과 집 사이를 날아다닐 수(?) 있을 것 같은 이 골목은 탕헤르에만 있는 것이 아니다. 모로코에서 세 번째로 큰 도시인 페즈에는 미로와 같이 무수히 뻗은 골목이 무려 9천여 개에 이른다. 9세기경에 만들어진 이곳은 과거 모로코의 수도이기도 했는데, 여의도 면적의 30% 정도인 이곳에 18만 명 정도의 인구가 살고 있으며 모로코뿐 아니라 아랍권에서 제일 먼저 유네스코 문화유산에 등재되었다(1981년). 이곳은 세계의 도시구역 중 차가 다니지 않는 가장 넓은 지역이라고 한다. 복잡하기로 악명이 높아 현지 가이드조차 길을 잃을 정도인 미로처럼 뻗어 있는 골목 안에는 상점과 상인들 그리고 관광객들로 넘쳐난다. 독특한 냄새를 따라가다보면 가죽염색공장(태너리Tannery)을 발견하게 되는데, 천 년 이상 지속되어온 곳으로 300평 남짓 되는 공터에 직경 1m 내외의 원형, 타원형, 사각형의 통 200여 개가 자리하고 있어 관광객의 시선을 사로잡는다. 또 이곳에는 세계에서 가장 오래된 대학으로 인정받는 알카라윈대학(University of Al-Karaouine)과 화려한 궁전, 많은 이슬람사원 등 유명 건축물이 건재한, 아직도 종교적으로나 산업적으로 상당한 영향력을 발휘하는 도시다.

식을 수백년간 이어왔다. 각종 혼합물과 가죽의 부패로 악취가 심하지만 수작업으로 이루어지는 최고의 가죽염색 과정은 이색적인 모습이다.

이곳을 찾아가기 위해선 세계 최대의 골목을 지나야 한다. 좁은 골목과 골목들이 사방으로 이어져 걸음을 옮길수록 점점 더 깊은 미로 속으로 빠져드는 기분이다. 도시의 반경은 2킬로미터에 불과하지만 골목의 길이는 70킬로미터가 된다고 하니 세계 최대의 골목이라 할 만하다. 여러 민족의 침략과 빈번한 전쟁으로 재산과 목숨을 지키기 위해 자신들만이 알 수 있는 길을 만들기 시작하면서 지금의 미로가 만들어지게 되었다. 길을 잃고 헤매는 외국인들이 많아서인지 길안내를 부업으로 하는 소년들도 있다. 좁고 가파른 골목 때문에 자동차는 구경할 수도 없고 걷거나 당나귀를 타는 것이 유

페즈의 아이들

일한 교통수단이다.

　가죽으로 대표되는 페즈인 만큼 골목길 가정집 곳곳에서는 공예품을 비롯한 다양한 제품을 만들어 판매하고 있다. 아마 가죽으로 만들 수 있는 물건은 거의 다 있는 것 같다. 독특하고 섬세한 문양과 세련된 디자인이면서 가격은 저렴한 편이라 방문객들의 지갑을 수시로 열게 만든다. 카사블랑카로 돌아가는 길에 점심식사를 해결할 겸 베두인족 마을에 잠시 들렀다. 말이 마을이지 허허벌판에 흙으로 지어진 몇 채의 집이 전부다. 마을입구 공

▶ 고대로마의 식민도시로 만들어진 라바트의 대표적 유물인 하산탑. 12세기말 장대한 모스크를 건설하기 시작했으나 그 당사자인 야곱 알만 수르 왕이 죽으면서 공사가 중단되어 미완성 사원이 되었다. 한 변이 16m인 정사각형의 탑이 44m까지 올라가다가 중단된 채 남아 있으나 현재로도 그 규모는 거대하다.
◀ 하산탑 정면에는 현 국왕의 조부인 무하마드 5세의 묘가 있다.

동우물에는 늙은 베두인 여인 두 명이 양 가죽을 씻고 있다. 넓은 평지에 인적도 드문 이곳에서 이들의 생계를 책임지는 것은 양이나 오리, 닭 같은 가축을 키워 고기와 가죽을 파는 것이 수입의 전부다. 집 앞의 밀가루빵을 구워먹기 위해 흙으로 만든 화덕에는 아궁이마다 타다 남은 장작들이 남아 있고, 땔감을 모아놓은 장작더미에서 이들의 생활을 짐작할 수 있다.

어린 아기를 업고 있는 베두인 여인에게

▲ 모로코의 한 시골마을. 양가죽을 물에 씻고 있다 (상). 우리나라의 백숙같은 닭요리를 근사하게 얻어먹고 사례를 하자 한사코 거부하더니 직접 짠 방석까지 싸서 내준다(하).

조심스레 닭 한 마리 잡아줄 수 있는지 부탁을 드렸더니 두말없이 OK이다.

일찍 남편을 여의고 지금은 21세에 엄마가 된 딸과 손녀 두 명과 살고 있다

▲ 유네스코 세계문화유산으로 지정되어 있는 아잇벤하두 카스바Kasbah Ait Ben Haddou. 카스바는 성채라는 뜻으로 보통은 높은 흙벽으로 된 네모난 건물들로 이루어져 있다. 주로 방어용으로 쓰이던 주거지이자 요새다. 카스바의 꼭대기 마다 둥지를 틀고 있는 황새들이 이채롭다.

고 한다. 사위는 돈을 벌기 위해 도시로 나가고, 혼자서 딸과 손녀들을 먹여 살리고 있는 셈이다. 너무도 정성스레 푹 고운 닭요리를 대접하기에 5달러를 더 쥐어 주었더니 한사코 받지 않겠다고 손사래를 친다. 그 마음이 고마워 억지로 손에 쥐어주니 손수 만든 노란 겉싸개를 두 개나 선물로 쥐어준다. 원래 손님대접을 잘 하는 것이 베두인족의 전통이라지만 이 여인의 마음이 그렇게 고마울 수가 없다.

여행을 하며 많은 것을 보게 되지만 무엇보다 오래 남는 것은 삶은 어렵지만 마음만은 부자인 사람 냄새나는 이들과의 추억들이다. 여행은 고행의 다른 말이라고도 한다. 힘든 여행을 계속하는 것도 나와 다른 곳에서 다른 모습으로 살고 있는 이들에게 받은 정 때문이리라.

광장

해가 지기 시작하면서
사람들이 하나둘
모여들기 시작한다.

금새 한낮의 한산함은 온데간데 없고
광장은
사람 사는 냄새로 가득 찬다.

수많은 노천식당에는
열심히 산 오늘을 보상받기라도 하는 듯
식사하는 사람들로 붐비고

마술을 하는 사람
재주를 넘는 사람
만담꾼,
수많은 재주꾼들이
수많은 군중들과 어울려
어디에도 없는
축제의 장을 연다.

메디나의 심장,
제마 엘 프나 광장에는
모로코인의 삶의 체취가 배어 있다.

모리타니 사막땅 누악쇼트, 낙타마을

가난하지만 선한 눈빛 사하라의 최빈국 모리타니

사하라사막 인근에 있는 모리타니도 물이 부족한 국가다. 주민들로서는 먹는 물을 확보하는 것이
가장 시급한 일, 공동우물가에는 물을 길어다 파는 물장수들이 늘어서 있다.

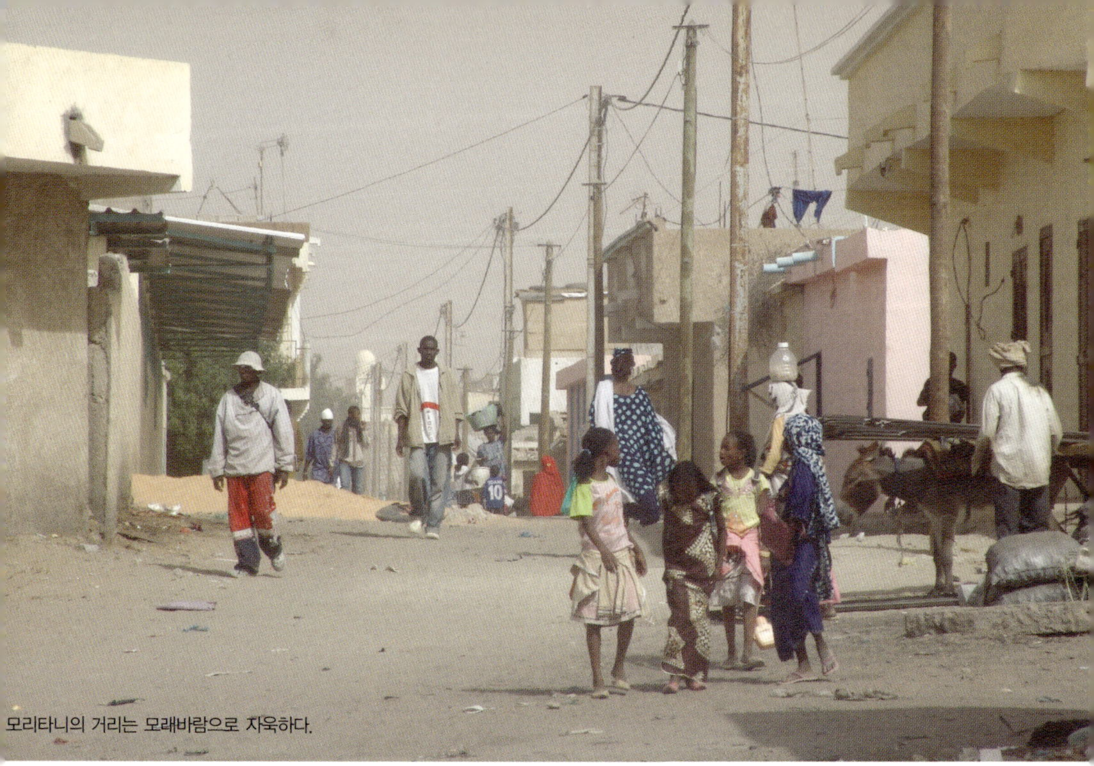

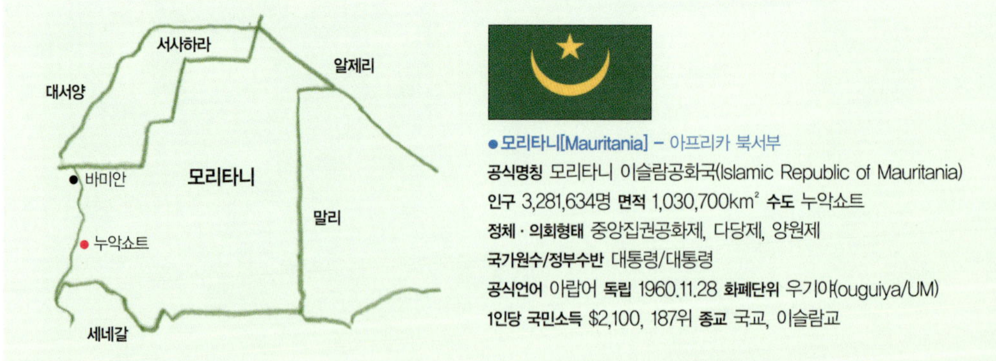

모리타니의 거리는 모래바람으로 자욱하다.

카사블랑카에서 모리타니의 수도 누악쇼트로 가는 비행기. 벌써 40분이나 연착이다. 공항 안에선 업무개선을 요구하는 시위행렬이 1시간 넘게 이어지고 있다. 친미 성향의 모로코에 알카에다의 경고가 있은 뒤라 공항 내 경비가 삼엄하다. 눈동자와 이만 하얗게 보이는 어린아이 하나만 컴컴한 공항 안을 제집인 양 뛰어다닌다.

1시간 반이나 늦게 도착한 누악쇼트. 비행기가 그렇게 연착하고도 미안하

● **모리타니[Mauritania]** – 아프리카 북서부

공식명칭 모리타니 이슬람공화국(Islamic Republic of Mauritania)

인구 3,281,634명 **면적** 1,030,700km² **수도** 누악쇼트

정체 · 의회형태 중앙집권공화제, 다당제, 양원제

국가원수/정부수반 대통령/대통령

공식언어 아랍어 **독립** 1960.11.28 **화폐단위** 우기야(ouguiya/UM)

1인당 국민소득 $2,100, 187위 **종교** 국교, 이슬람교

다는 사과 한마디 없다. 마중 나오기로 한 이세웅 목사님 대신 흑인 한 분이 나와 '코리안'이냐고 묻는다. 무장세력에 의한 테러와 납치가 많은 곳이라 두려움이 앞서긴 했지만 믿고 따라가니 다행히 목사님께 데려다준다. 이름도 낯선 모리타니에서 선교활동을 하고 계시는 이세웅 목사님은 남아프리카공화국에서 흑인인 부인과 결혼해 두 딸을 데리고 모리타니로 왔다. 10살 세련이와 9살 된 세미 두 딸과 뱃속에 있는 4개월 된 아이까지 두고 있어 행복한 가정을 이루고 있다.

모리타니의 거리는 모래바람으로 자욱하다. 아프리카의 여러 나라를 보았지만 이렇게 황폐한 곳은 처음이다. 12월 말인데도 기온은 20~30도이고 7, 8월 한낮 기온은 40~50도까지 올라간다.

모리타니는 아프리카 북서부의 사하라사막 서쪽에 위치하고 있다. 국토

누악쇼트에서 가장 큰 시장. 어려운 생활에도 미소를 짓고 있는 상인에게는 여유가 있어 보인다.

의 대부분이 모래 둔덕이 즐비한 사막 땅이다. 지구상에서 가장 건조한 사막이 사하라사막이라더니 그야말로 모래바람이 하늘까지 뿌옇게 보일 정도로 불어와서 이슬람 전통복장을 입지 않으면 입으로 들어오는 모래알을 막을 수가 없다.

우리나라에도 봄이 오면 반갑지 않은 불청객 황사로 몸살을 앓는다. 황하 유역과 고비사막의 모래먼지가 봄바람 타고 서해 건너 한반도 상공을 덮고 나면, 신문과 텔레비전 화면엔 누렇게 물든 도심 하늘 사이로 희미한 건물들이 실루엣으로 나타나고, 병원엔 호흡기와 눈병환자가 폭증하고, 일조량이 줄어 농작물 피해가 늘어나고, 비라도 오고 나면 차는 누런 페인트를 뿌려 놓은 것 같고…….

이게 중국에서 날아왔다고 해서 중국정부에 항의도 할 수 없는 자연의 재앙이라 우리나라는 억세게 운 나쁜 자리를 잡았구나 생각했는데, 이곳에 와

당장이라도 고물상에 넘겨야 할 법한 낡고 부서진 차.

서 보니 황사야말로 아무것도 아니라는 걸 깨달았다. 봄철에 다섯 차례만 와도 올해는 유난히 황사가 잦다고 야단인데 이곳에선 여름이 되면 일주일에 한 번 꼴로 사막의 모래바람이 지금보다 몇 배는 더 심하게 부는데다 날씨까지 더우니 살기가 더욱 힘들다고 한다.

사하라사막 인근에 있는 모리타니도 물이 부족한 국가다. 주민들로서는 먹는 물을 확보하는 것이 가장 시급한 일, 공동우물가에는 물을 길어다 파는 물장수들이 늘어서 있다. 목사님 집에서 하루를 지내보니 물 문제를 바로 실감할 수 있었다. 화장실의 소변은 고사하고 큰 볼일도 가족들이 돌아

모리타니의 전통의상을 빌려입어 보았다.

가며 4~5번을 본 후에야 물을 내리니 그동안 집안은 고약한 냄새로 엉망이 된다. 현지인들도 거의 밖에서 대소변을 해결하는 입장이다.

모리타니의 수도 누악쇼트는 대서양 연안의 항구도시로 인구는 73만 정도 된다. 이곳에서 가장 큰 시장에는 갖가지 소품을 들고 나와 파는 상인들로 북새통을 이룬다. 남자들이 많은 데라서 그런지 가전제품이나 전자기기가 눈에 많이 띄고, 특히 휴대전화기를 빌려주는 상인들이 많다. 통신수단이 대중화되어 있지 못하다보니 즉석에서 전화기를 빌려주고 돈을 받는다.

사막에서 생활하는 사람들에게 천막은 필수품이다. 모래바람 속에서 몸을 피할 수 있는 은신처가 되기도 한다. 문양이 화려할수록 값은 비싸지는데 대부분 여자들이 직접 만든 천막을 가지고 나와 판다.

사정이 어렵다보니 가축들도 마땅히 먹을 게 없어 쓰레기 더미를 뒤지고 다니고 여행을 버텨내지 못해
쓰러진 낙타는 사막 한가운데서 미생물들의 먹이가 된다.

모리타니에는 북아프리카 원주민인 베르베르인과 아랍계 유목민의 혼혈인 무어인이 많다. 이들은 유목생활을 많이 하고 이슬람교를 믿는다. 한때 프랑스의 지배를 받다가 1960년 독립한 모리타니는 경제생활이 크게 낙후되어 있다. 사정이 어렵다보니 가축들도 마땅히 먹을 게 없어 쓰레기 더미를 뒤지고 다닌다. 그러다 비닐이 목에 걸려 죽는 경우도 흔하다. 주민들 대부분이 열심히 일하고 있지만 생활은 쉽게 나아지지 않는다.

사정이 이렇다보니 문화생활이라는 것은 찾아볼 수 없다. 오늘 하루 마실 물과 먹을 것이 급하다보니 고개를 돌릴 여유조차 없다. 목사님의 소개로 이웃가게에 가보았다. 가게라고 해봐야 아무것도 없는 모래바닥에 천막 하

아이들은 메마른 모래사막에서 흙을 퍼다 팔아 생계를 돕는다.

나 쳐놓고 허름한 책상에 과일 한 광주리가 전부다. 가난의 굴레가 이들의 발목을 단단히 잡고 있다. 학교 운동장에서 뛰어놀아야 할 아이들이 메마른 모래사막에서 흙을 퍼다 팔아 생계를 돕는다.

대서양과 맞닿아 있는 누악쇼트의 해변마을에는 고기를 사고파는 사람들로 분주하다. 낡은 어선을 손질하는 어부의 손길에는 풍어를 이루고자 하는 마음이 간절하다. 삶은 비록 곤궁해도 사람들의 표정과 인심만큼은 곤궁하지 않다.

누악쇼트를 조금 벗어나자 사막 길에서 낙타시장을 만났다. 규모가 꽤 큰 낙타시장은 사막에 천막을 쳐놓고 상인마다 수십 마리의 낙타를 거래하고 있다. 사막에서는 중요한 운송수단인데다 가죽과 젖을 얻을 수 있으니 낙타

사막에서 만난 낙타시장. 규모가 꽤 큰 낙타시장은 사막에 천막을 쳐놓고
상인마다 수십 마리의 낙타를 거래하고 있다. 사막에서는 중요한 운송수단
인데다 가족과 젖을 얻을 수 있으니 낙타가 큰 재산이다.

가 큰 재산이다. 새끼가 먼저 젖을 빨아 잘 돌게 한 다음, 어린 낙타를 밀어내고 사람이 젖을 짜서 요구르트나 버터를 만든다.

모리타니는 프랑스로부터 독립하면서 경제적 지원도 받고, 철강과 구리 산업이 발달해서 한때 경제에 호조를 보이기도 했지만 현재는 식량난으로 허덕이고 있는 최빈국 중 하나다. 게다가 2008년 8월 초에는 군부 쿠데타가 일어나 사회적으로 뒤숭숭한 상태이기도 하다. 하지만 어려움 속에서도 잘 웃고 정이 많은 모리타니 사람들의 선한 눈매는 잊을 수 없는 추억으로 남는 곳이다.

배들의 무덤 누아디부 해변

모리타니 제2의 도시이자 항구도시 누아디부는 어업이 주된 생활의 근거가 되는 곳이다. 서사하라와 접한 이 지역은 한국에서 '물반 고기반'으로 유명해지는 바람에 1980년대에 2천여 명의 한국인들이 몰렸을 정도로 어종과 어획량이 풍부한 곳이다. 참고로 2012년 만료되는 모리타니와의 어업협정이 유럽연합 EU가 가장 많은 금액을 지불하는 협정이며, 110척의 유럽연합소속 어선이 조업하는 대가로 지불하는 금액은 7,625만 유로(한화 약 1,130억 원)다. 모리타니의 주요산업은 광업과 어업이다.

그러나 이 해변에는 디스토피아적 상상을 현실로 보여주는 삭막하고도 아련한 풍경이 있다. 수백 척의 폐선들이 주인공이다. 세계에서 유래를 찾아보기 힘들 정도로 많은 배들이 버려진 이곳은 의도적으로 선박을 해체하는 곳과는 다르다 - 세계최대의 선박해체 국가는 인도로 전 세계 선박의 50%를 차지하며, 방글라데시가 30%를 소화하고 있다 - 그냥 버려진 것들이다. 이 배들은 1980년대 수산업이 국유화되고 회사들이 통폐합되어 외국투자자들이 빠져나가면서 어떤 영문인지는 정확히 모르지만 버려진 배들이다. 경제적 여건이 안 되는 모리타니에서는 이 배들을 그냥 방치하고 있는데, 그 규모가 상당해서 마치 영화나 애니메이션에서 볼 수 있는 풍광을 연출한다. '배들의 공동묘지'라고 표현하는 이 모습은 문명과 자연 그리고 세계화에 대한 생각을 다시 한 번 불러일으킨다.

모래바람

사막의 모래바람이
거리를 가득 메운다.

두건을 머리에 휘감고 있어도
눈을 제대로 뜰 수가 없고
침을 삼킬 때마다 입안에 모래가 씹힌다.

우물에서 물을 퍼다 나르는
물장수의 눈이
수레를 끄는 노새의 눈과 닮았다.

염소 무리들은 먹을 것이 없어
쓰레기 더미를 뒤지고
굶어죽은 낙타의 시체 위엔
파리떼가 덮여 있다.

인간이 살기엔
너무나 부족한 것이 많은 땅

어릴 적 나를 닮은
소년의 눈망울에서
모리타니의 내일을 그려본다.

제 3 장

유럽

프랑스
헝가리 · 체코
불가리아 · 루마니아
크로아티아
몰타
스페인

프랑스 '노트르담 대성당'에서 뮤지컬 '노트르담 드 파리'를 떠올리다

노트르담 성당 앞에 서니 매혹의 집시여인 좋아하는
세 남자의 노랫소리 아련…

음악과 여행은 공통점이 있다. 둘 다 마음의 풍요를 주는 점이 그렇고, 특별한 시간과 노력을 투자해야 한다는 점이 그렇다. 바쁘게 살아가는 현대인에게 위안을 주는 것이 여러 가지 있겠지만 동서고금을 막론하고 가장 많이 사람들의 공감대를 형성하는 것은 음악과 여행이 아닐까.

나는 음악을 전문적으로 배우진 못했다. 하지만 어린시절 고향 안동 집에는 누가 켰을지 모를 바이올린이 벽에 걸려 있었고, 모서리가 부서지고 낡긴 했어도 소리 하

● **프랑스 [France]** – 서유럽 최대의 국가
공식명칭 프랑스공화국(French Republic) **인구** 65,312,249명
면적 547,030km² **수도** 파리 Paris **정체·의회형태** 공화제, 양원제
국가원수/정부수반 대통령/총리
공식언어 프랑스어 **독립** 843(설립) **화폐단위** 유로(euro)
종교 로마가톨릭 85%
1인당 국민소득 $33,100, 39위

난 흠 잡을 데 없는 오르간도 한 대 있었다. 시골에선 좀체 보기 힘들었던 오르간연주 때면 동네에서 함께 뛰놀던 소꿉친구들은 모두들 신기한 듯 감탄사를 연발했고, 아무것도 모르던 코흘리개 나 역시 우쭐해하곤 했다.

가세가 기울면서 바이올린도 오르간도 모두 누구에게 팔아 넘겼는지 기억 속에서 차츰 사라져갔지만, 다른 사람은 몰라도 나에게는 그 악기가 우리집에 있다는 것만으로도 큰 자랑거리였던 것 같다. 아마도 음악에 대한 애정은 이때부터 시작된 듯하다. 가족들의 생계를 위해 부산으로 와서 일하며 동시에 학교를 다니면서도 항상 음악을 가까이하려 노력했었다. 나이 들어 여행이라는 취미가 하나 더 생기고 나선 어느 것이 낫다고 저울질할 순 없지만 둘 다 모두 생활의 일부분이 된 건 사실이다.

지금은 오지를 찾아 여행하는 게 취미이지만 처음부터 그랬던 것은 아니다. 개혁, 개방의 물결을 타고 세계화의 추세에 따라 해외로 나서는 사람들이 많아지면서 단순히 관광만 하는 것은 별 의미가 없다고 생각했다. 선진국의 유명도시에 가서 호텔에 묵고 고급식당에서 밥 먹으며 여행하는 것은 주변에 득실대는 사람들만 달라졌을 뿐 국내여행과 별반 다를 것이 없다고 생각했다.

그리고 여행에 앞서 무엇을 보고 배워올 것인가를 준비하지 않으면 그저 단순한 관광밖에 되지 않는다는 걸 깨달았다. 한 가지 테마를 정해서 거기에 맞춰 여행을 한다면 더할 나위 없이 만족스러우리라. 물론 내 경우에는 음악을 테마로 떠나는 여행을 최고로 치지만, 중세유럽의 성당이나 아름다운 미술품, 박물관, 먹거리 등 자신이 좋아하는 거라면 어떤 것이든 상관없을 듯하다.

1990년 해외여행에 처음 맛들이기 시작할 무렵 유럽으로 떠났다. 이태리 산타 체칠리아에서 플루트를 공부하던 딸애를 만나볼 목적도 있었지만, 현대음악의 발원지인 유럽의 문화를 손수 체험해보겠다는 생각이 더욱 컸다. 동서고금을 통틀어 음악사에서 빠질 수 없는 거장들이 살았던 발자취를 따라간다는 것은 여행의 설렘을 한층 배가시켜 주었다. 오스트리아에선 슈베르트와 모차르트, 하이든과 요한스트라우스를 만나볼 수 있고, 독일에선 베토벤과 헨델, 그리고 음악가는 아니지만 '문학천재'인 괴테의 생가도 찾아볼 수 있다.

하지만 뭐니뭐니해도 음악을 테마로 한 유럽여행에서 빼놓을 수 없는 곳은 프랑스의 파리가 아닐까 싶다. 중세 동안 화려한 궁중문화를 꽃피우다 대혁명을 지나면서 민중 속으로 깊숙이 그 문화를 심은 '예술의 도시'. 이제 시간이 많이 흘렀지만 파리는 여전히 세계의 문화·예술 중심도시로서 세계인의 사랑을 받고 있다.

파리는 에펠탑이나 개선문, 루브르박물관 등 볼거리가 많지만 10년이 넘도록 노트르담 대성당의 모습이 기억속에서 지워지지 않는다. 당시 파리의 노트르담 대성당은 복원공사가 한창이었는데, 그 지조 있고 절제된 근엄함에 압도당하는 느낌이었다. 빅토르 위고라는 대문호가 쓴 소설《노트르담 드 파리》의 배경이 되는 곳이어서 더욱 그런 인상이 짙었다.

이 대성당은 1163년 건립이 시작되어 800년이 넘도록 파리의 변화를 지켜봐왔다. '노트르담'이란 '우리의 어머니'란 뜻으로 성모마리아에 대한 존칭이다. 성모를 공경하는 기운이 고조된 12세기 이후에 쓰이기 시작했다고 한다. 유럽에는 노트르담이라는 이름의 성당이 여러 곳에 있는데, 규모만 다를 뿐 건축양식은 거의 비슷하다.

위고는 대성당 앞을 지나다가 우연히 벽에 적힌 '숙명'이라는 단어를 봤다. 그때부터 이 단어가 어떻게 해서 거기 적히게 되었는지 이야기를 만들게 되는데, 그 노력의 결과물이《노트르담 드 파리》라고 한다.

1990년대 중반까지만 해도 국내엔 세계적인 뮤지컬이 많이 소개되지 못했다. 게다가 유럽을 방문한 1995년에는 〈노트르담 드 파리〉라는 뮤지컬이 만들어지기 전이라 접해볼 기회가 전혀 없었다. 여행 말미에 런던에서 뮤지컬 〈미스사이공〉을 보고 엄청난 스케일과 애절한 스토리에 심취하고 나선 웬만한 뮤지컬 공연은 만사 제쳐두고 보러 다녔다.

〈노트르담 드 파리〉가 파리에서 초연되었다는 소식을 접하고선 이제나저제나 한국에 오기만을 오매불망 기다렸다. 그러던 중 2005년 서울 세종문

화회관에서의 내한공연 소식을 듣고 한달음에 달려갔다. 브로드웨이의 화려한 무대세트와 조명에 익숙해서인지 너무 단순한 무대장치가 처음에는 당혹스러웠지만 공연을 마칠 쯤엔 전율로 밀려왔다.

이야기를 끌어가는 배우들의 뛰어난 노래실력과 그 뒤를 받치는 무용수들의 몸짓 하나하나가 원작의 내용을 최대한 표현해내고 있었다. 노래와 춤을 함께 하는 미국이나 영국의 배우들과는 달리, 노래하는 배우와 춤 추는 배우가 구분되어 음악적 완성도가 높았다. 주인공들의 감정변화와 심리를 그림자로 묘사하는 몇몇 장면들은 공연이 끝나고도 오랫동안 여운으로 남았다.

프랑스문화는 유럽문화의 중심으로 지금도 계속 큰 영향을 미치고 있다. 1800년대 말을 배경으로 한 영화 〈물랑루즈〉나 뮤지컬 〈레미제라블〉, 〈오페라의 유령〉 역시 프랑스를 무대로 한 작품이다. 〈노트르담 드 파리〉는 세계 4대 뮤지컬에는 포함되지 못했지만 작품성 면에서 그들과 견주어 결코 뒤처지지 않는다. 노트르담 대성당을 배경으로 매혹적인 집시여인 에스메랄다의 아름다움을 노래하는 세 남자의 노랫소리가 아직도 귓가에 맴도는 것은 그만큼 작품의 완성도가 높기 때문이다.

〈레미제라블〉〈미스사이공〉〈오페라의 유령〉〈캣츠〉. 이들이 온 세상에 브로드웨이 뮤지컬의 진수를 보여준 걸작들이라는 것은 누구나 다 아는 사실이다. 작품이 제작된 이래 지구상 어느 곳에선가 매일 공연되고 있다는 대단한 작품들. 그렇다면 〈레미제라블〉과 〈오페라의 유령〉의 공통점은? 그리고 〈레미제라블〉과 〈미스사이공〉의 공통점은?

앞의 둘은 프랑스 원작의 문학작품이라는 것, 그리고 뒤의 둘은 프랑스 사람 클로드 미셸 손베르크의 작곡과 역시 프랑스인인 알랭 부빌의 작사로 이루어진 작품이라는 것. 뮤지컬의 본고장은 오로지 브로드웨이인 줄만 알았는데 언제부터 뮤지컬에 '프랑스'가 이렇게 깊이 연루되었던 것일까?

그러고 보니 '세계 4대 뮤지컬'이라는 타이틀 말고 '프랑스 3대 뮤지컬'이라는 타이틀도 있다. 〈노트르담 드 파리〉〈로미오와 줄리엣〉〈십계〉가 그것이다. 〈레미제라블〉과 〈미스사이공〉이 영미권 시장을 겨냥해 만들어진 영어뮤지컬인 데 반해 프랑스어로 이루어진 3대 뮤지컬은 명실상부한 프랑코폰(Francophone 프랑스어를 사용하는 주민이란 뜻으로 다양한 국적의 프랑스어 문화권 사람들을 일컬음) 뮤지컬로써 프랑스 자국뿐 아니라 퀘벡, 스위스, 벨기에 등 프랑스어 사용권 지역을 망라하고 있다고 볼 수 있다. 아무튼 이런 프랑스어 뮤지컬이 기존의 영미권 뮤지컬과 변별성을 지니며 독자의 자리를 굳힌 첫 작품으로 〈노트르담 드 파리〉를 손꼽을 수 있다. 빅토르 위고라는 세계지성의 탄탄한 원작, 아름다운 음악, 심플하지만 독창적인 무대미술과 자유로운 춤, 오페레타 구조의 신선한 노래들이다.

우선 세계 4대 뮤지컬에 대해 소개하자면, 뮤지컬 〈캣츠〉와 〈오페라의 유령〉을 대성공시킨 작곡가 앤드류 로이드 웨버(Andrew Lloyd Webber 1948~)와 뮤지컬 기획자이자 프로듀서인 카메론 매킨토시(Cameron Mackintosh 1946~)를 언급하지 않을 수 없다.

앤드류 로이드 웨버는 영국 출생으로 작곡가이자 런던음악대학 교수이던 부친과 피아노 교사인 어머니, 첼로연주자이던 동생(줄리안 로이드 웨버)을 두고 있어 음악적 환경 속에서 자랐다. 7세에 작곡을 하는 등 천재성을 보이던 그는 17세에 작사가 팀 라이스(Tim Rice 1944~)를 만나면서 황금기를 맞는다. 1967년 〈요셉과 놀라운 색동옷〉과 1970년작 〈지저스 크라이스트 슈퍼스타〉 등의 뮤지컬은 팀 라이스의 작사와 더불어 웨버의 위상을 드높인 작품이다. 특히 뮤지컬 〈지저스 크라이스트 슈퍼스타Jesus Christ Superstar〉에서 '나는 그를 사랑하는 법을 모르네 I don't know how to love him'라는 노래는 전 세계적으로 히트했던 명곡이다.

웨버는 프로듀서 카메론 매킨토시와 만나면서 또 한 번의 새 전기를 맞게 된다. 1981년 뮤지컬 〈캣츠〉를 무대에 올리며 이들의 명성은 더욱 기치를 드높이는데, 따지고 보면 '세계 4대 뮤지컬'이란 말도 카메론 매킨토시가 제작했던 뮤지컬 일명 '빅 4'를 일컫던 말에서 유래되었으며, 오늘날까지 '빅 4'는 유효하다. 구체적으로 언급하자면 프로듀서인 매킨토시는 웨버가 작곡한 〈캣츠〉와 〈오페라의 유령〉을 비롯 작곡가 클로드 미셸 손베르크가 작곡한 〈레미제라블〉〈미스사이공〉을 제작했던 인물이다. 전 세계 300개 이상의 제작사를 운영하고 있고 '뮤지컬 흥행의 귀재'라 일컬어지는 매킨토시를 두고 〈뉴욕타임스〉는 "세계에서 가장 성공적이고, 영향력 있으며, 강력한 극장 제작자"라는 극찬을 아끼지 않았다. 위의 사진은 왼쪽부터 앤드류 로이드 웨버, 웨버의 두 번째 부인 사라 브라이트먼과 다정했던 한때, 연출가 카메론 매킨토시.

그러면 세계 4대 뮤지컬인 〈캣츠〉〈오페라의 유령〉〈레미제라블〉〈미스사이공〉을 살펴본다.

● **캣츠** 영국시인 T.S. 엘리엇트의 시 〈웃기는 고양이 아가씨의 행장기〉를 모티브로 하여 만든 뮤지컬. 고양이를 의인화하여 인간의 삶과 내면을 그려내고 있으며 음악과 춤, 유머러스한 장면들이 시종일관 관객을 사로잡는다. 은은한 달빛 아래서 창녀 고양이가 자신의 추억을 들려주는

명장면들이 연출되는데, 특히 〈메모리〉라는 곡은 그동안 180명의 배우 및 가수, 오페라 가수들에 의해 취입되었을 만큼 전세계적으로 히트했던 명곡이다. 〈캣츠〉는 1982년 10월 7일 브로드웨이 '윈터 가든'에서 초연된 이래 14년 9개월 동안 장기공연을 해오며 800여 만 명이 넘는 사람들이 관람했고, 30여 개국이 넘는 나라에서 공연되어 관람객 5천만 명에 공연수입 22억 달러를 올린 경이적인 뮤지컬이다.

● **레미제라블** 빅토르 위고의 소설 《레미제라블》을 뮤지컬화한 작품으로 처음부터 뮤지컬로 완성된 것은 아니었다. 1967년 프랑스인 대본작가 알랭 부빌과 작곡가 클로드 미셸 숀베르크는 프랑스혁명을 주제로 뮤지컬을 만들 계획을 세우던 중 1972년 뉴욕 브로드웨이에서 공연 중인 〈지저스 크라이스트 슈퍼스타〉를 관람하고 오페라와 팝을 조화시킬 수 있는 가능성을 발견, 1973년 '프랑스혁명' 앨범을 발매한다. 당시 이 앨범은 25만 장의 판매고를 기록할 정도였고, 이후 작곡가 숀베르크는 매킨토시와 손잡고 1980년 뮤지컬 〈레미제라블〉을 무대에 올린다. 1985년 바비칸 센터에서 〈레미제라블〉의 막이 오를 때 비평가들로부터 뮤지컬에 적격이 아니란 평가를 받기도 했지만, 2년 후 웨스트엔드 팔레스 극장으로 옮기고부터는 더욱 인기를 얻으며 1989년 토니상을 받는다. 당시 예매표가 1백만 달러를 넘어섰으며, 3년 후에는 3백만 달러에 이를 만큼 선풍을 일으켰다.

〈레미제라블〉은 암울했던 나폴레옹 집정기 이후 점점 피폐해지는 민중의 생활과 고통, 가난 속에서 시민혁명이 싹트는 과정을 다루고 있는데, 다소 무거울 수도 있는 주제를 감동과 눈물을 주는 음악적 요소를 가미하여 기존 엔터테인먼트 요소가 많았던 뮤지컬과는 달리 서정적이고 장중한 뮤지컬을 탄생시킨다. 대표곡으로는 'Do You Hear The People Sing'이 유명하고 애절한 사랑의 노래 'On My Own' 'One Day More' 'I Dreamed a Dream' 등이 있다.

● **오페라의 유령** 1986년 앤드류 로이드 웨버가 작곡하고 뮤지컬 제작자인 카메론 매킨토시에 의해 또 하나의 걸작품 〈오페라의 유령〉이 탄생한다. 그러나 〈오페라의 유령〉을 뮤지컬로 만든 최초의 사람은 웨버가 아니라 영국인 작곡가 켄 힐Ken Hill로, 그는 1984년 〈유령Phantom〉이란 이름으로 작품을 무대에 올렸다. 웨버가 작곡한 뮤지컬 〈오페라의 유령〉은 1986년 영국 런던 허 머제스티스 극장에서 초연되었고, 오늘날까지 뉴욕, 시드니, 파리, 토론토를 비롯 총 15개국 91개 도시에서 공연되었을 정도로 대성공을 거두며, 2004년 조엘 슈마허 감독의 영화로도 제작된다.

가스통 르루의 소설(1911년)을 원작으로 삼고 있는 〈오페라의 유령〉의 무대 배경은 화려한 파리 오페라하우스의 지하다. 흉측한 외모의 유령과 아리따운 오페라 여가수 크리스틴에 대한 사랑이야기가 골격을 이루는데, 무대에서 오페라의 유령이 크리스틴을 납치하여 미궁으로 노를 저어가는 동안 울려퍼지는 타이틀곡 '오페라 유령'은 극의 초반부터 관객을 압도한다. 또한 수십 개의 촛불 속에서 오페라의 유령이 부르는 '밤의 노래', 그 밖에 '그에게서 바라는 것은 오직 사랑뿐' 등의 환상적 노래들 또한 관객을 사로잡기에 충분하다.

〈오페라의 유령〉에서 빼놓을 수 없는 얘깃거리는 〈캣츠〉의 브로드웨이 공연에서 무명의 합창단원으로 일하던 사라 브라이트먼을 발견한 웨버가 그녀와 사랑에 빠지더니 1984년 결혼에 이르렀고, 결혼 2년 만에 〈오페라의 유령〉에서 두 번째 부인인 사라 브라이트먼을 〈오페라의 유령〉의 주인공으로 전격 발탁했다는 점이다. 이로써 그녀는 세계적인 팝페라가수 반열에 올라서게 된 것. 그러나 흥미로운 것은 〈오페라의 유령〉을 최절정기로 웨버의 음악은 그 이후 시들해져 갔고 1989년 발표한 〈사랑의 이모저모〉, 1993년 〈선셋대로〉, 1997년 〈휘슬 다운 더 윈드Whistle Down the Wind〉, 2000년 〈뷰티풀 게임〉, 2004년 〈우먼 인 화이트Woman in White〉 등이 연이어 흥행참패를 기록하며 동시에 이들의 사랑도 식어갔다는 점이다. 사랑도 뮤지컬의 흥망성쇠와 더불어 피고 졌다고나 할까.

〈오페라의 유령〉이 우리나라에서 공연된 것은 세계에서 14번째로 2001년 12월 서울 LG아트센터에서 시작되었다. 7개월간 장기공연이 이어졌으며, 총 244회 공연에 실제순익 20억 원을 기록했나.

● **〈미스사이공〉은 본문 16쪽 참조**

오페라Opera를 흔히 '종합예술의 꽃'이라고 한다. 음악과 문학, 연출, 무대미술, 의상 등을 총 망라한 공연이기 때문이다. 작품수와 규모, 게다가 음악감독과 무대연출자에 의해 호불호가 판이해 특별히 3대 혹은 4대 오페라로 규정지은 바는 없으나 낭만주의 3대 국민오페라 작곡가로는 베르디, 바그너, 비제를 들고 있고, 덧붙여 푸치니를 포함시켜 4대 작곡가로 칭하는 경우가 보통이다.

● 오페라의 대명사 베르디, 대표작〈라 트라비아타〉

이탈리아 북부의 작은 시골에서 여관과 식료품점을 하는 가정에서 태어난 쥬세페 베르디(Giuseppe Verdi 1813~1901)는 가게를 찾아오는 떠돌이 악사의 영향으로 음악에 대한 열정을 품었다고 한다. 어린 시절부터 음악에 대한 열정과 주변의 도움으로 꾸준히 학습했다. 밀라노 음악학교 입학은 좌절됐지만 작곡가 빈센쪼 라비나에게 오페라의 기초지식에 대해 배운다. 23세 때 부세토에서 음악감독으로 활동하며 결혼한다. 그리고 첫 번째 작품 〈오베르토〉는 부분적으로 성공하지만 이듬해 아내가 27세로 사망하자, 낙담한 그는 부세토에 틀어박힌다. 슬픔을 잊기 위해 작곡에 몰두하나 초연 다음날 중지되는 실패를 맛본다. 이 일로 자살을 결심한 그를 구원한 건 성경을 의역한 〈나부코〉의 대본. 전력을 다해 작곡에 몰입하여 1842년 스칼라 극장에서 상연, 이 작품으로 그는 국민적 영웅이 되고 이후 〈라 트라비아타〉〈아이다〉〈레퀴엠〉 등을 발표하며 오페라를 상징하는 작곡가로 자리매김한다. 부세토에 농장을 가꾸던 농부이기도 한 그는 1901년 뇌졸중으로 사망했다.

이탈리아의 국민오페라〈라 트라비아타La Traviata〉

우리나라에서 최초로 상연된 오페라는 1948년 이유선 지휘, 김자경 주연의 〈라 트라비아타〉다. 알렉상드르 뒤마의 《동백꽃 여인》을 기초로 한 이 작품은 매춘부인 비올레타를 사랑한 귀족청년 알프레도의 순수하고 비극적인 사랑이야기로, 1853년 초연에서 처참한 실패를 맛본다. 그러나 시대배경을 1700년대로 바꾸고 가수들을 대체하고 나서 대성공을 거둔 뒤 이 작품은 국민오페라가 되었다. 이 작품의 고전적인 명연은 마리아 칼라스, 카를로 마리아 줄리니 지휘의 1955년 라 스칼라 실황, 칼라스를 위한 작품이라 할 정도로 열연이 돋보인 명반으로 꼽힌다. 카를로스 클라이버 지휘, 플라시도 도밍고 음반이나 로린 마젤 지휘, 디트리히 피셔 디스카우의 음반 등도 사랑받고 있다.

● 총체적 예술 천재 바그너, 반지 4부작〈니벨룽겐의 반지〉

바그네리안Wagnerian이란 단어가 있을 정도로 음악과 문학사에 지대한 영향을 미친 리하르트 바그너(Richard Wagner 1813~1883)는 라이프치히에서 태어났다. 소년시절 극장에서 본〈마탄의 사수〉에 감명 받고 음악가의 꿈을 키워 라이프치히대학에서 공부한다. 1833년부터 음악가로서 활동하기 시작한 그는 첫 번째 작품인〈요정들〉을 발표한 뒤, 결혼 후에는 파리에서 음악감독을 역임, 1849년 5월혁명과 연루되어 스위스로 망명, 이후 독일~스위스를 오가며 활동하다가 1872년 바이로이트에 정착, 꾸준히 오페라를 내놓는 활동을 펼치다 1883년 베네치아에서 생을 마감한다. 바그너는 낭만주의음악을 집대성한 인물이며, 문학사에도 지대한 영향을 끼친 천재였다. 하지만 그의 반유대주의와 히틀러·나치의 전용轉用 등으로 논란이 그치질 않으며 이스라엘에선 공식 연주가 금지되어 있다. 시오니즘의 창시자인 테오도르 헤르츨이 바그너 작품의 열렬한 숭배자였던 사실이 아이러니하다. 대표작으로〈탄호이저〉〈파르지팔〉〈트리스탄과 이졸데〉 등이 있다.

반지 4부작 〈니벨룽겐의 반지Der Ring des Nibelungen〉

이 작품은 26년간에 걸쳐 대본과 음악을 직접 완성한 작품으로 연주시간만 약 16시간. 대개

4일 동안 진행하는데 전야제에 〈라인의 황금〉을 필두로 〈발퀴레〉〈지크프리트〉〈신들의 황혼〉 순서로 연주한다. 북구설화를 바탕으로 거인과 신, 인간과 난쟁이가 등장하고 여러 사상적 의미의 모티브가 사용되는데 복잡하지만 다양하고 아름다운 음악적 결합은 보는 이를 전율케 한다. 대중적인 지지를 확보한 연주는 패기 넘치던 시절의 게오르그 솔티가 1958~1964년에 걸쳐 빈 필하모닉과 함께 한 음반이 레퍼런스로 자리잡았다.

● 〈카르멘〉을 위해 태어난 비제, 대표작 〈카르멘〉

오늘날 가장 대중적인 사랑을 받는 오페라 〈카르멘〉의 작곡가 조르주 비제(Georges Bizet 1838~1875)는 파리 근교의 음악가정에서 태어났다. 10세 때 국립 음악원에 들어간 영재였다. 프란츠 리스트로부터 피아노연주에 대한 칭찬을 받은 일화도 있다. 1857년 로마대상에서 수상해 이탈리아에 다녀온 뒤 1863년 오페라 〈진주조개잡이〉를 발표하나 평범한 반응에 그친다. 1872년에는 알퐁스 도데 원작 연극 〈아를르의 여인〉을 위해 27곡을 작곡했다. 하지만 연극이 실패하자 4곡을 발췌해 따로 연주회에서 발표, 청중을 매료시키며 유명 작곡가 반열에 오른다. 1875년에 대표작 〈카르멘〉이 오페라 코미크극장에서 오른다. 비난과 더불어 처참한 실패로 돌아가고, 3개월 후인 6월 3일, 향후 7년간 전 유럽을 뒤흔드는 대성공을 앞두고 심장마비에 인한 합병증으로 짧은 생을 마감한다.

지구상에서 가장 사랑받는 오페라 〈카르멘〉

오늘날 전 세계에서 가장 많이 상연되는 오페라 중 하나가 〈카르멘〉이다. 자유로운 사랑을 갈구하는 집시 카르멘과 순수청년 돈호세의 운명적인 사랑이야기로 열정 넘치는 음악, 스페인적인 색채에 개성 있는 인물들이 장점이다. 1904년 파리에서 1,000회가 넘는 상연기록을 남겼으며, '음표 하나 버릴 것이 없다' 는 리하르트 슈트라우스의 말처럼 기법도 완벽에 가까운 작품이다. 전통적인 연주로는 카라얀 지휘, 빈 필하모닉, 레온타인 프라이스와 프랑코 코렐리가 열창한 1963년 음반. 조르주 프레트르 지휘, 마리아 칼라스의 1964년 음반. 토머스 비첨 지휘, 빅토리아 데 로스 앙헬레스의 1958년 음반도 사랑 받고 있다.

● 베르디와 바그너를 합친 푸치니, 대표작 〈라 보엠〉

우아한 선율, 섬세한 인물묘사로 사랑받는 지아코모 푸치니(Giacomo Puccini 1858~1924)는 이탈리아 토스카나의 음악가 집안에서 태어났다. 어린 시절부터 두각을 나타냈으며 〈아이다〉에 감명 받아 작곡가의 길을 걷는다. 1880년 밀라노 음악학원에 입학하고 스승의 도움을 받아 처녀작 〈빌리〉를 완성한다. 이후 〈마농레스코〉부터 주목을 받아 그의 3대걸작 〈라 보엠〉 〈토스카〉 〈나비부인〉 을 발표하며 이탈리아의 거장으로 거듭난다. 전통에 의한 풍부하고 우아한 선율을 바탕으로 바그너의 악극형식을 도입, 완성도를 높여 대중과 평단의 사랑을 받았다. 〈투란도트〉는 미완이었으나 제자가 완성해 아르투로 토스카니니에 의해 초연되었다. 1924년 인후암으로 인해 수술 차 방문한 브뤼셀에서 생을 마감한다.

풍부한 선율과 애절한 〈라 보엠La Boheme〉

풍부한 선율과 애절한 내용으로 가장 큰 성공을 거둔 작품. 프랑스 소설 〈보헤미안의 생활〉에서 모티브를 삼아 원작에 구애받지 않고 각색했다. 19세기 파리의 젊은 예술가들의 가난한 일상 속의 애환과 우정과 사랑에 관한 이야기로 초연 때부터 사랑 받을 성노로 멜로디가 아름답다. 토머스 비첨 지휘, 빅토리아 데 로스 앙헬레스와 유시 비욜링의 녹음은 여전히 사랑받고 있으며, 카라얀 지휘, 미렐라 프레니, 루치아노 파바로티의 1972년 음반. 툴리오 세라핀 지휘, 레나타 테발디와 카를로 베르곤지의 1959년 음반도 많은 이들의 사랑을 받고 있다.

음악을 듣다가

그대 손놀림 날렵하구나.
천상에서 보낸
지휘봉 하나
현악기 관악기를 호령하다가
타악기 되어
내 가슴 힘차게 두드리나니
나 이제 그대의 손끝에서
다시 태어난다.
날개를 달고
비밀의 커튼을 걷어
그대 이끌림에
가슴까지 이렇게 두근거리며
찬란한 흐름속에
새로 태어난다.
그대의 손끝은 사랑의 조율사
아늑하여라
물결 높은 이 음악의 바다여.

고풍스런 건물, 야경이 멋진 다리……
중세 동유럽 문화의 향기 흐르는 헝가리, 체코

수십 년간 사회주의체제 하에서 폐쇄되어 있던 동유럽 국가들은 알려지지 않은 부분들이 많다. 1990년대 이후 개방정책이 시행된 만큼, 서유럽 국가들에 비하면 중세의 원형을 잘 보존하고 있다. 고즈넉한 중세건물과 운치 있는 자갈길, 길목으로 이어지는 음악과 예술의 향연은 이국적인 분위기와

겔레르트 언덕에서 바라본 부다페스트의 전경

어울려 최고의 여행을 선사한다. 동유럽 여행은 어느 곳이나 빠지지 않지만 그 중에서도 최고는 헝가리와 체코가 아닐까 싶다.

헝가리의 부다페스트는 예술의 도시답게 풍경이 아름다운 도시다. 다뉴브강을 끼고 양옆에 늘어선 건물들과 도시전체를 은은하게 감싸는 음악이 여행의 흥취를 더욱 돋운다. 부다페스트는 '다뉴브의 진주'로 불리며 인구 2백만의 중·동부 유럽에서 가장 큰 도시의 하나다. 다뉴브강을 가운데 두고 서쪽의 '부다'와 동쪽의 '페스트'로 나뉜다.

● 헝가리 [Hungary] – 중부 유럽의 내륙
공식명칭 헝가리공화국(Republic of Hungary) **인구** 9,976,062명
면적 93,030km² **수도** 부다페스트 Budapest
정체 · 의회형태 중앙집권공화제, 다당제, 단원제 **국가원수/정부수반** 대통령/총리
공식언어 헝가리어 **독립** 1918.11.16 **화폐단위** 포린트(forint/Ft)
종교 로마가톨릭 51.9% **1인당 국민소득** $18,800, 64위

▲독일군을 부다페스트에서 물리친 기념으로 만들어진 14m 높이의 자유의 여신상인 마가렛 동상. 부다페스트의 자유와 평화를 상징한다.
마가렛 동상 발밑 양옆에 있는 기념물로 전진과 파괴를 상징한다.

◀**치타델라 요새**
겔레르트 언덕 정상에 있는 치타델라 요새는 오스트리아제국이 헝가리의 독립운동을 진압한 후 그들을 감시하기 위해 지은 것이다. 제2차세계대전 중에는 나치독일에게 점령되어 파괴되기도 했지만, 현재는 부다페스트 전망대로 빼놓을 수 없는 관광명소가 되었다. 2차대전 당시의 치열했던 전투 흔적이 곳곳에 남아 있다.

  부다는 고대로마의 군사기지로 개발되기 시작해 1361년 헝가리의 수도가 되었고, 13세기 이후 헝가리 왕들이 거주했던 왕궁을 비롯해 역사적 유물과 건축물들이 산재해 있다. 페스트가 도시로 형성된 것은 13세기 무렵으로 중세 이후 상업과 예술의 중심으로 자리잡기 시작하면서부터다. 두 도시는 16~17세기엔 터키와 오스트리아의 합스부르크왕조 지배하에 있었으나

영웅광장 영웅광장에 있는 조형물은 마자르족이 이 땅에 들어와서 헝가리를 건국한 지 천 년 된 것을 기념해서 만든 것이다. 광장 가운데에는 헝가리 최초의 기독교 왕이 된 이슈트반의 꿈에 나타나 당시 이교도였던 마자르족들을 기독교로 개종시키하라고 했다는 대천사 가브리엘의 상이 36m 높이의 기념탑 위에 세워져 있다. 이 동상 주위로 헝가리를 처음 세운 7명의 마자르족장의 기마상과 기둥 사이에는 14명의 헝가리 위인의 동상이 있다.

1872년 합병하여 하나의 도시가 되었고, 제2차세계대전 후에는 주변의 작은 도시들까지 합쳐 지금의 형태를 갖추게 되었다.

동유럽의 여러 나라들이 그렇지만 헝가리도 음악을 빼놓고 얘기할 수 없다. 헝가리가 낳은 세계적인 피아니스트인 리스트의 실력은 우리가 상상하는 것 그 이상이었다. 이지적인 용모에 세련된

마차시 성당 13세기 중반에 고딕양식으로 성당이 완공되고 그후 1470년 마차시왕의 명령으로 첨탑이 증축되면서 마차시 성당이라고 부른다. 16세기에는 부다가 터키에 점령당하면서 145년 동안 이슬람의 모스크로 변했다. 그래서 성당 내부의 프레스코 벽화에서도 기독교와 이슬람의 분위기가 혼합되어 독특한 분위기가 난다. 17세기에 다시 가톨릭 성당으로 돌아왔고 18세기에 바로크 양식으로 재건축되었다.
성당은 2차대전 때 심하게 손상되었으나 1950년~1970년 80m 첨탑과 함께 완전히 복구되었다.

무대매너를 갖춘 그는 많은 여성들의

인기를 한몸에 받았다. 당시에는 유명

인에게 사인 받는 문화가 없어, 연주를

마치고 나면 리스트는 머리카락이 한

동유럽은 거리에 나와 연주하는 사람들을 어렵지 않게 볼 수 있다. 자신의 음악을 소개하고 음반을 판매하는 직업적인 사람들도 있으나 공원에서 연습하는 학생들도 많다.

웅큼씩 뜯기는 곤욕을 치러야 했다. 여성들은 그의 머리카락 한 올이나마 소중히 보관했다고 한다.

리스트는 외적인 풍모뿐 아니라 내적으로도 진정한 예술가의 면모를 갖춘 것으로 알려졌다. 그는 훌륭한 작품이라면 다른 작곡가의 것이라도 개의치 않고 대중에 소개했으며 직접 연주하는 일도 마다하지 않았다고 한다.

부다페스트의 상징은 실화를 바탕으로 한 영화 〈글루미 선데이〉의 배경이 되는 '세체니다리'다. 밤에 불을 밝히는 전구가 멀리서 보면 사슬처럼 보인다고 해서 세체니(사슬)라는 이름이 붙었다. 다뉴브강을 연결하는 8개의 다리 중 가장 아름다운 곳으로 세체니다리의 야경을 보지 않으면 "진짜로 부다페스트를 구경했다고 말하지 못한다"고 할 만큼 시민들의 자부심이 대단하다.

'글루미 선데이'라는 노래가 첫 발매되었던 1935년엔 헝가리에서만 187

세체니다리(사슬다리) 다뉴브강을 연결하는 8개의 다리 중 가장 아름다운 곳으로 세체니다리의 야경을 보지 않으면 진짜로 부다페스트를 구경했다고 할 수 없을 만큼 시민들의 자부심이 대단하다. 실화를 바탕으로 한 영화 〈글루미 선데이〉의 배경이 되는 아름다운 다리다.

명이 자살했다. 이 곡을 작곡한 레조 세레스 역시 투신자살로 생을 마감했다. 부다페스트 여행계획을 가진 사람들에게는 영화 〈글루미 선데이〉를 꼭 보고 떠나기를 권한다. 여행 중 아름다운 세체니다리를 보노라면 영화 속 건반 위를 흐르는 '글루미 선데이'의 애절한 피아노 음률이 귓가에 살아서 맴돌 터이다.

'어부의 요새'를 올라가는 길가 공원에선 플루트와 바이올린을 켜고 있는 학생 연주자들이 자주 눈에 띈다. 유명 관광지마다 단정하게 옷을 차려입고 실력을 뽐내는 음악인들을 볼 수 있지만, 헝가리 여행만큼 음악 애호가들에게 큰 즐거움을 선사하는 곳도 드물 것이다.

유럽의 심장이라 불리는 체코의 수도 프라하는 중세 유럽에서 가장 번창
한 도시였다. 아름다운 바다가 있는 휴양지는 아니지만, 마음을 여유롭게
먹고 돌아도 2~3일이면 충분할 정도로 아담한 도시다. 프라하는 중세로 시

간여행을 날아온 듯 흥밋거리들로
넘쳐난다. 한해 1억 명 이상의 배
낭객, 외국인이 찾아드는 세계 6대
관광도시 중 하나로, 2000년 '유
럽문화도시'에 꼽히기도 했다.

어부의 요새에 있는 청동상 날개는 독수리, 얼굴은 용의 형상을
하고 있는데 우리나라에서는 용을 길조라 생각하지만 헝가리는
악마를 상징한다고 한다. 헝가리 사람들은 미운 남편이 있을 때
'우리집에는 용이 한 마리 있다'고 재미있게 이야기한다고.

창 밖으로 보이는 다뉴브강의 모습

체코 프라하 프라하는 중세유럽에서 가장 번창한 도시였다. 로마에서 하이델베르크를 거쳐 프라하로 이어지는 도로는 중세의 무역로. 유럽의 한가운데 자리해 지역적 이점까지 누리던 프라하는 14세기 카를 4세 때가 전성기였다. 프라하 출신으로 신성로마제국의 황제가 된 그는 로마까지 원정을 떠났고, 아비뇽에 갇혀 있는 교황을 로마로 돌려보냈다. 독일 등 중부유럽 왕의 선출 절차를 정한 금인칙서까지 발표했다. 또 대학도시 하이델베르크에 앞서 프라하대학을 설립했다. 프라하가 '유럽의 심장'으로 불리는 것도 이런 역사 때문이다. 아름다운 바다가 있는 휴양지는 아니지만 여유로운 마음을 가지고 2~3일이면 다 돌아볼 정도로 아담한 도시인 프라하는 중세유럽으로 시간여행을 온 듯 흥미로운 것들로 넘쳐난다. 프라하는 한해 1억 명의 외국인이 찾아드는 세계 6대 관광도시로 2000년 '유럽문화도시' 중 하나다. 유럽을 여행하는 사람들, 특히 배낭여행자들이 사랑하는 도시가 프라하다. 사진은 신시가지 최대 번화가인 바츨라프 광장.

체코는 나라 자체가 음악대학이라고 할 만큼 크고 작은 음악회가 도처에서 열린다. 특히 성당에서 열리는 음악회가 많다. 높은 천장과 실내에서 울리는 웅장한 음악은 지나가는 여행객의 발걸음을 꽁꽁 붙잡는다. 계단이나 빈자리에 빼곡히 앉은 관객들이 음악과 하나로 녹아든다.

　프라하 최고의 관광지는 카를다리. 강 서쪽의 프라하성과 동쪽의 상인 거주지를 잇는 도시 내 최초의 다리다. 보헤미아왕 카를 4세 때(1346~1378) 건설돼 왕의 이름을 옮겨 땄다. 다리 위는 다양한 공연과 볼거리로 늘 활기차다. 악사와 화가들이 삼삼오오 모여 장기를 뽐내느라 여념이 없다. 마리오네트 인형극을 공연하는 토박이에 점자책을 읽으며 노래하는 여인, 게다가 재즈공연까지 구경하는 재미가 쏠쏠하다.

　카를다리에서 바라본 프라하성의 야경이 명물 중의 명물로 손꼽힌다. 다

● **체코 [Czech]** – 중부 유럽의 내륙
공식명칭 체크공화국(Czech Republic) **인구** 10,190,2134명
면적 78,866km² **수도** 프라하 Prague
정체 · 의회형태 중앙집권공화제, 다당제, 양원제
국가원수/정부수반 대통령/총리
공식언어 체크어 **독립** 1993.01.01 **화폐단위** 코루나(koruna)
종교 로마가톨릭 27% **1인당 국민소득** $25,600, 54위

카를교에 있는 30여 개의 동상 중 최초로 세워진 17세기의 '예수수난 십자가상'. 히브리어로 '거룩, 거룩, 거룩한 주여'라고 새겨져 있다. 카를교는 강 서쪽의 성과 동쪽의 상인거주지를 잇는 최초의 다리로 보헤미아왕 카를 4세 때(1346~1378) 건설되었기 때문에 이 이름이 붙었다. 다리 위는 다양한 공연과 볼거리로 언제나 활기가 넘치는데 악사들과 화가들이 모여 자신들의 장기를 뽐내느라 여념이 없다. 마리오네트 인형극을 공연하는 토박이, 점자책을 읽으며 노래하는 여인, 재미있는 재즈 공연까지…. 도심을 구경하는 재미도 쏠쏠하다. 야경도 아름답다.
다리에서 바라본 프라하성의 야경은 프라하의 명물이다. 다리 양쪽으로 성경에 나오는 인물과 체코 성인들의 동상이 세워져 있어 마치 조각 전시장 같다. 이 다리 좌우 양쪽에 각각 15개씩 줄지어 있는 고딕 및 바로크양식의 30개 성 자상은 체코의 최고 조각가들이 지난 17세기 후반부터 약 250년간에 걸쳐 제작했다.

리 양쪽으로 성경 속 성자들의 인물상과 체코 성인들의 동상이 세워져 있다. 각각 15개씩 좌우로 줄지어 선 고딕·바로크양식의 조각들이 마치 조각 전시장을 방불케 한다. 지난 17세기 후반부터 250여 년에 걸쳐 최고의 조각가들이 제작한 작품들이다.

구시가로 빠져나오면 광장 주변으로 각양각색의 자동차와 마차들이 있

프라하의 상징 건물인 구시청사의 오를로이 천문시계

고, 나이 지긋한 재즈밴드도 만나볼 수 있다. 서기 410년, 천동설에 입각해 만들어 진 옛 시청건물 내의 '오를로이 천문시계'는 지금도 매 시각 종이 울리면 창문을 통해 예수그리스도의 12사도가 차례로 등장한다.

이 시계는 매시 정각이면 시계 옆 해골인형이 한 손에 모래시계를 들고 줄을 잡아당기며 고개를 끄덕거린다. 곧이어 정복을 상징하는 터키군, 부귀영

카를교 위에서 공연하는 악사들

화를 상징하는 유대인, 허영과 망상을 상징하는 거울을 든 인형들이 고개를 가로젓는다. 마침내 종이 울리면서 시계 상단의 조그만 창문에서 12사도가 나와 회전한다.

지금은 세계적 명물이 된 오를로이 시계를 제작할 당시, 국왕이 똑같은 시계를 다시는 만들지 못하도록 시계공의 눈을 멀게 했다는 이야기가 전설처럼

시가 광장 구시가 광장 중앙에는 체코의 종교 개혁자인 얀 후스Jan Hus의 조각상이 있고 주위에는 중세모습을 그대로 간직한 주거지가 남
 있다. 구시가 광장을 중심으로 옛 시청, 틴 교회, 로코코양식의 킨스키궁전 등이 있어 이 광장을 한 바퀴 돌면 로마네스크양식에서 아르누보
식까지 모든 건축양식을 한자리에서 볼 수 있다. 광장 주변으로는 관광객들을 기다리는 각양각색의 자동차와 마차들이 있고, 나이 지긋한 재
 밴드를 만나볼 수도 있다.

전해진다. 해맑은 종소리와 독창적인 인형, 12사도의 등장……. 명작의 감동

속 가슴 한켠에 느껴지는 애절함의 원인은 아마도 그러한 장인의 비탄이 깔

렸기 때문이리라.

자본주의 사회 내면의 속살을 자신의 작품에서
개인의 소외와 무력감으로 표현해냈던 카프카

● 프란츠 카프카(Franz Kafka 1883~1924)

체코 태생이며 불어로 소설을 발표하는 밀란 쿤데라(Milan Kundera 1929~)가 가장 좋아하는 작가인 프란츠 카프카는 체코의 프라하에서 태어난 유대인으로 당시에는 오스트리아-헝가리제국에 속해 있었다. 그래서 당시 독일어를 쓰는 프라하 유대인사회 속에서 성장했고 독일어로 소설을 발표했다. 1906년 법학으로 박사학위를 취득, 1907년 프라하의 보험회사에 취업했다. 그러나 그의 일생의 유일한 의미와 목표는 문학 창작에 있었다. 그렇다고 그 시기의 카프카가 현실을 등한시했던 것은 아니었다. 유명한 경영학자 피터 드러커(1909~2005)에 의하면 카프카는 안전헬멧을 발명하여 철강노동자의 사망률을 획기적으로 낮춘 공로로 표창을 받기도 했다고 한다. 이 무렵 유럽의 노동환경의 열악함과 관료체제의 비인간적인 모습을 직접 몸으로 경험한 그는 자본주의 사회의 내면의 속살을 자신의 작품에서 개인의 소외와 무력감으로 표현해냈다. 1917년 결핵진단을 받고 1922년 보험회사에서 퇴직, 1924년 오스트리아 빈 근교의 결핵요양소 키얼링Kierling에서 사망했다. 길지 않은 그의 인생은 우울이란 단어로 표현할 수 있을 만큼 불행했다. 실제로 우울증과 사회불안증을 앓고 있었으며 사회적으로 독일인에게는 유대인으로, 유대인들에게는 시오니즘Zionism을 반대했다는 이유로 배척당했다.

카프카는 사후 그의 모든 서류를 소각하라는 유언을 남겼으나, 그의 친구 막스 브로트Max Brod가 카프카의 유작, 일기, 편지 등을 출판하여 현대 문학사에 카프카의 이름을 남겼다. 무엇보다 그의 소설이 평가받는 이유는 17세기 이후에 형성되었던 이성적 소설의 사실묘사에 대한 강박관념을 부수고 꿈과 현실의 혼합을 통해 자유분방한 상상력으로 이루어낸 작품을 썼다는 데 의미가 있으며, 이는 현대소설의 틀을 마련한 근대소설가로서 아일랜드의 제임스 조이스(James Joyce 1882~1941) 프랑스의 마르셀 프루스트(Marcel Proust 1871~1922)와 함께 문학사적으로 중요한 위치를 차지한다. 대표작으로는 《변신》외에 《심판》《성城》《실종자》《시골의사》 등이 있다.

● 프라하의 봄Prague Spring과 밀란 쿤데라

제2차세계대전 이후 소비에트 연방이 간섭하던 체코슬로바키아에서 일어난 민주화 시기를 말한다. 1968년 1월 슬로바키아의 '인간의 얼굴을 한 공산주의'로 표현되는 개혁주의자 알렉산데르 둡체크(Alexander Dubcek 1921~1992)가 집권하면서 민주

화와 개혁, 개방이 시작되었으나 소비에트 연방과 바르샤바조약 회원국의 동맹국이 8월에 체코슬로바키아를 침공하여 개혁을 중단시키면서 막을 내렸다. 체코슬로바키아의 개혁은 소련측에 달갑지 않은 일이었으며, 협상이 실패하자 바르샤바 조약군 수천 명의 병력과 탱크를 보내 나라를 점령하여 대규모 이주물결이 체코슬로바키아를 휩쓸었고, 탱크를 앞세워 무고한 시민들을 죽인 사실이 알려지면서 전 세계 여론의 비난이 일었다. 1969년에는 체코 사회주의공화국과 슬로바키아 사회주의공화국이 들어섰으며 체코슬로바키아는 1990년까지 점령상태에 놓인다. 1987년 소련지도자 미하일 고르바초프(1931~)는 "인간의 얼굴을 한 공산주의"에 상당한 영향을 받았다고 인정한 '글라스노스트(개방)'와 '페레스트로이카(재건)'를 발표, 1989년 12월에는 비폭력적인 '벨벳혁명'(슬로바키아에서는 신사혁명'으로 칭한다)으로 인해 공산당정권이 무너지고 12월 28일 둡체크는 체코슬로바키아(현 슬로바키아)의 연방의회 의장이 되었으며 다음날 작가출신인 바츨라프 하벨(1936~)은 대통령직에 오른다. 1993년 체코슬로바키아 연방이 해체되었다.

단골 노벨문학상 후보인 밀란 쿤데라는 체코슬로바키아 브르노에서 태어났다. 체코가 소련군에 점령당한 후 시민권을 박탈당해 프랑스로 망명했다. 체코가 낳은 유명한 작곡가인 레오슈 야나체크(Leos Janacek 1854~1928)의 문하생이었던 아버지 루드빅 쿤데라의 영향으로 어린 시절부터 음악에 대한 접근이 예사롭지 않았고, 후일 음악학을 공부하기도 했다. 첫 번째 소설 《농담》에서 악상기호를 텍스트 속에 그려넣은 건 그런 영향을 잘 반영한다. 1948년, 브르노에서 중등교육 과정을 마치고 프라하 카렐대학의 예술학부에서 문학과 미학을 공부하다가 프라하 공연예술 아카데미의 영화학부로 옮겨 공부한다. 이후 공산당에 의해 입당과 탈당을 반복하다가 첫 번째 소설 《농담》을 발표하고 1968년 '프라하의 봄' 이후 집필활동에 제한을 받자 1975년 프랑스로 망명한다. 벨벳혁명 이후 귀국한 적이 있지만 줄곧 프랑스에서 작품활동을 펼친다. 1984년 발표한 그의 대표작 《참을 수 없는 존재의 가벼움》은 세계적인 베스트셀러가 되었으며, 1988년 영화감독 필립 카우프만Philip Kaufman에 의해 영화화되기도 했다. 그의 소설은 로베르트 무질Robert Musil의 소설과 프리드리히 니체의 산문, 그리고 보카치오, 카프카로부터 영향받았으며 바르톡이나 야나체크와 같은 음악가들에게도 영향을 받았다. 2008년에는 1950년도에 비밀경찰에 부역했다는 기사로 인해 공식활동을 전혀 하지 않던 작가가 20년 만에 성명서를 발표하는 등 논란에 휩싸이기도 했다.
대표작으로는 1967년에 발표한 《농담》《참을 수 없는 존재의 가벼움》《불멸》 등이 있다.

우연은 필연성과는 달리 이런 주술적 힘을 지닌다.
하나의 사랑이 잊혀지지 않기 위해서는 성 프란체스코의 어깨에
새들이 모여앉듯 여러 우연이 합해져야만 한다.

– 《참을 수 없는 존재의 가벼움》 중

우울한 일요일

다뉴브의 진주 부다페스트를
도도하게 흐르는 강물을 가로질러
사슬이 얽힌 듯 불빛이 이어진
그림 같은 다리가 놓여 있다.

시선을 사로잡는 다리의 야경은
아름답기 그지없는데
강바람에 묻혀 오는 처연함은
글루미 선데이를 듣고
생을 마감한 영혼이 서려서일까

슬픈 선율이 가슴에 남아서
더욱 아름다운 세체니 다리는
몽롱한 듯 조명에 쌓여
여행자들의 발길을 서성이게 한다.

● **글루미 선데이** "그녀의 노래를 듣는 순간 선택해야 한다. 생의 전부를 건 사랑, 혹은 죽음을!" 1999년 어느 가을. 독일 사업가가 헝가리의 한 레스토랑을 찾는다. 작지만 고급스런 레스토랑. 그는 추억이 깃든 시선으로 그곳을 살펴본다. 그리고 말한다. "그 노래를 연주해주게." 그러나 음악이 흐르기 시작한 순간, 피아노 위에 놓인 한 여자의 사진을 발견하곤 돌연 가슴을 쥐어뜯으며 쓰러진다. 놀라는 사람들. 그때 누군가가 외친다. "이 노래의 저주를 받은 거야. 글루미 선데이의 저주를…." 쉬벨 감독의 〈글루미 선데이〉는 2000년에 제작, 10개의 상을 받았던 명작이다. 영화는 헝가리의 수도 부다페스트의 거리를 서서히 훑는 것으로 시작된다. 세체니다리를 끼고 강변이 흐르고 비취지는 거리에서 우리나라의 엘지 로고도 눈에 들어온다. 이 영화의 무대는 동서장벽이 무너진 이후 오늘날임을 미루어 짐작할 수 있다. 영화 〈글루미 선데이〉는 작은 레스토랑에서 싹트는 사랑, 음악, 죽음에 대한 이야기다. 영화를 보고 있노라면 여주인공 일로나(에리카 마로잔 분)의 매력에 흠뻑 빠져들 것이다.

장미 · 장수의 나라 불가리아
친절하고 활달한 루마니아

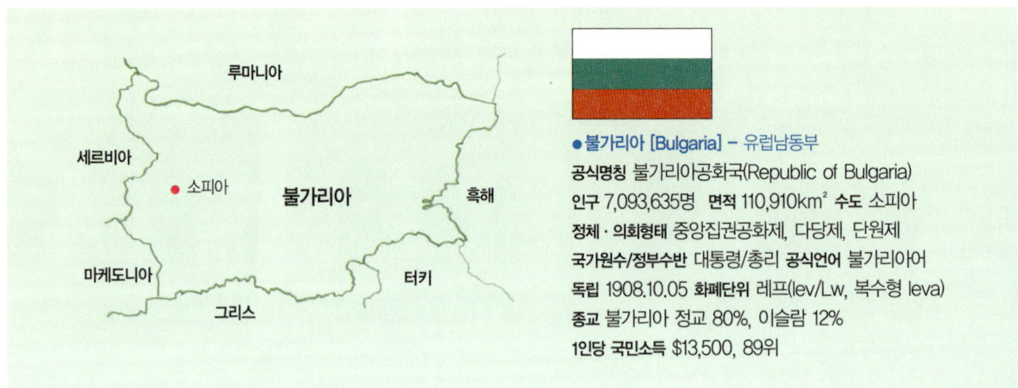

성 네델리야 교회. 1925년 보리스 3세와 각료들이 참석한 행사에서 공산주의 반역자들의 폭파로 거의 파괴되었다가 현재 복원되었다. 이 사건으로 많은 각료들을 포함해 120명이 넘는 사람들이 죽었으며 왕의 암살은 미수에 그쳤다.

헝가리와 체코, 특히 부다페스트와 프라하 여행을 통해 중세 동유럽의 음악과 조각, 수백년 더께가 덮인 삶과 감성들을 되살릴 수 있기를 바란다. 마치 타임머신을 통해 날아간 듯.

● 불가리아 [Bulgaria] – 유럽남동부
공식명칭 불가리아공화국(Republic of Bulgaria)
인구 7,093,635명 **면적** 110,910km² **수도** 소피아
정체 · 의회형태 중앙집권공화제, 다당제, 단원제
국가원수/정부수반 대통령/총리 **공식언어** 불가리아어
독립 1908.10.05 **화폐단위** 레프(lev/Lw, 복수형 leva)
종교 불가리아 정교 80%, 이슬람 12%
1인당 국민소득 $13,500, 89위

세인트 페트카 지하교회. 터키지배 당시인 14세기에 건축된 것으로 터키인들의 눈을 속이기 위해
지하에 지은 것이라 한다.

　동유럽을 여행한 사람들은 마치 중세로 날아온 듯 묘한 느낌을 갖는다고
한다. 그 가운데 특히 중세의 멋과 향, 그리고 조용하고 멋스러움이 넘치는
곳은 불가리아와 루마니아다.

　불가리아는 유럽 남동부 발칸반도에서 흑해의 해안선을 따라 서쪽에 위
치하며, 북쪽으로 다뉴브강을 사이에 두고 건너편 위쪽엔 루마니아가 자리
한다. 남쪽으로는 그리스와 터키, 서쪽으론 세르비아, 몬테네그로, 마케도
니아와 접한다.

　불가리아는 특히 세계 장미생산의 80퍼센트를 담당할 정도로 장미가 많

소피아동상 구 사회주의시대에 세워진 레닌동상을 철거한 후 그 자리에 그리스로마 신화에 등장하는 지혜의 여신 소피아 여신상을 세웠다. 수도인 소피아 시의 이름은 이 여신에게서 따온 것이기 때문이다. 소피아란 그리스어로 지혜를 말하며, 소피아 여신 옆의 부엉이 또한 지혜를 상징한다. 오른손에 들고 있는 월계관은 명성, 영광을 뜻한다.

은 나라다. 장미처럼 탐스러운 침묵이 오히려 신비로운 동방의 분위기를 자아낸다. 수도인 소피아는 더욱 조용하고 차분한 분위기로 인해 생기 넘치는 유럽의 여타 도시들과는 달리 생소한 이미지를 풍긴다. 공항에 도착하면서부터 기대와 달리 작은 규모에 적잖이 놀라게 된다. 출구로 나서면 한적함이 초라한 느낌마저 들게 한다. 시내로 들어오는 도로도 변변찮다. 센트럴 광장엔 불빛도 카페도 옛 터키문화의 흔적들로 넘쳐난다.

소피아는 이러한 고적함에도 불구하고 불가리아 정치, 경제, 문화, 상업의 중심지로써 '보이지 않는(?)' 무역과 거래가 끊임없이 이어지고 있다. '정

불가리아에 거주하는 러시아인들을 위해 지어진 성 니콜라이성당. 불가리아 내의 유일한 러시아 정교회다. 겉모습만으로도 웅장한 느낌이 들고 보는 각도와 위치에 따라서 그 느낌이 다르다.

▲ 전자컴퓨터의 최초 발명가인 존 아타나소프John Atanasoff의 기념비. 소피아에 있으며, 일반인들에게 잘 알려져 있지 않지만 아타나소프는 불가리아 사람이다.

◀ 거리 곳곳에 설치되어 있는 청동조형물. 도시의 아름다움을 한층 더한다.

적의 이면에 숨겨진 도도한 상업과 문화의 흐름들.' 비토샤산 계곡에 위치한 소피아는 자칫 역설적일 수 있는 그러한 양면을 공유함으로써 더욱 흥미롭고 다양한 볼거리를 제공한다. 거리 곳곳에 중세 왕가의 상징인 독수리

불가리아 국립극장

동상이 세워져 있다. 레닌동상이 서 있던 자리는 '지혜의 여신' 소피아로 대체됐다. 오른손에 월계관을 들고, 왼손엔 부엉이가 앉아 있는 소피아 동상은 얼굴과 손, 발 등 피부가 드러난 곳이면 어디든 금으로 도색한 것이 이채롭다.

불가리아 사람들은 대부분 그리스정교를 믿는다. 중세 때 건립된 고색창연한 교회에서 때마침 결혼식을 올리는 부부가 있어 지켜보았다. 경건한 의식에 이어 아코디언과 북, 색소폰으로 구성

국립극장 벽면의 조각상

불가리아 민속박물관

불가리아 민속박물관 내에서 음악회도 열린다.

된 악단이 신랑, 신부를 위한 연주를 시작하고 참석한 하객들은 그들의 앞날을 축복하며 꽃을 뿌려준다.

색소폰 연주자는 '천하제일검'이란 한자가 등에 적힌 빨간 옷을 입었는데, 음악에 맞춰 뚱뚱한 몸을 살랑살랑 흔들어대는 품이 예사롭지

불가리아 민속박물관 내에서 일반인이 직접 만든
도자기를 진열, 판매하고 있다.

않다. 신랑은 처음엔 넥타이
정장의 정숙한 모습이었으
나 이내 넥타이를 풀어헤치
고 하객들과 신나게 춤을 춘
다. 분위기가 절정에 이르자
신랑, 신부를 포함해 모두가
흥겨운 춤판을 펼쳤다.
　불가리아는 장수국가로
익히 알려져 있다. 그들이

팬플루트를 만들어 파는 할아버지. 상당한 연주실력을 가지고 있다.

민속박물관에서는 학교에서 단체로 나온 어린 학생들이 그림을 그리는 모습을 볼 수 있다. 현장에서 그린 그림들을 관광객에게 직접 팔기도 한다.

자랑하는 장수의 첫째 비결은 사람이 살기에 가장 적당한 고도다. 보통 해발 700~800미터를 꼽는데, 불가리아의 평균고도가 이 높이에 딱 맞아떨어진다. 평소 건강관리에 많이 신경쓰는 것으로 유명한 김정일 국방위원장도 북한 내에 자신의 별장을 해발 820미터쯤에 지은 것으로 알려져 있다. 전설에 따르면 태초의 신이 여러 민족들에게 땅을 나눠주면서 불가리아인들을 그만 빠뜨렸는데, 그 실수를 만회하기 위해 천상낙원의 일부를 잘라주어 지금의 아름다운 자연을 얻게 되었다고 전한다.

장수의 또 다른 비결은 CF를 통해 잘 알려진 건강발효식품 '요구르트'•다. 불가리아인들은 가히 요구르트를 주식으로 먹는다고 해도 과언이 아니

●장수왕국의 요구르트 장수국가로 알려진 불가리아의 장수비결을 불가리아 사람들이 먹는 요구르트에서 찾은 것은 우리에겐 친숙한 이름인 면역학자 일리야 메치니코프(Ilya Ilyich Mechnikov 1845~1916) 덕분이다. 그는 이 발견으로 노벨의학상을 수상하기도 했다. 전통 요구르트는 불가리아어로 'Кисело Мряко 키셀로 물랴꼬'라고 하는데, 우리말로 하면 '신 우유' 정도의 뜻으로 예전에는 집에서 직접 우유를 짜서 만들어 먹던 풍습이 있었다. 불가리아의 요구르트는 풍부한 맛과 향기는 물론 다른 나라의 것보다 영양이 풍부해 치료제로도 애용하는데, 다이어트에도 탁월한 효과가 있는 것으로 알려지면서 여성들 사이에선 특히 인기다. 액체라기보다 고체에 가깝고 간식이나 차 대용으로 사용하는 이 음식은 불가리아의 특산품이기도 하다. 연교차가 심하지 않은 대륙성기후에서 배양되는 것으로 알려진 유산균이 함유되어 있기 때문이다. 불가리쿠스(Lactobacillus bulgaricus 불가리아 젖산간균)와 서모필러스(Streptococcus thermophilus 젖산구균)라는 불가리아 고유의 유산균을 함유하고 있는데 세계 여러 나라에서 배양을 시도했지만 실패한 것으로 알려졌고, 현재 관리 및 독점권을 행사하는 곳은 불가리아의 국영기업 LB 불가리쿰이다. 이곳에서 불가리아 유산균을 공급하며 한 나라에 한 업체만 라이센스 공급하는 것을 원칙으로 삼는다. 하지만, 현재 불가리아는 과거의 명성과는 달리 유럽연합에서도 평균수명이 낮은 편에 속하는데 전문가들은 그 이유로 의료인력의 부족과 공중보건 인프라의 부실을 들고 있다. 메치니코프가 연구하던 20세기 초반 당시 미국인의 평균수명은 48세, 불가리아는 87세였다.

변두리 지역은 차량이 별로 없어 정갈한 도시의 이미지를 한층 더한다.

플로브디프의 원형극장. 로마시대의 야외 극장으로 종종 드라마와 뮤지컬이 공연된다고 한다.

대통령궁 앞의 근위병. 대통령궁이 호텔과 일반인 아파트와 어우러
져 있어 색다르게 보인다.

차우셰스쿠의 묘 강력한 독재정치를 하던 차우셰스쿠는 혁명으로 차 형당하고 남루한 묘지만 남아 있다.

다. 이들의 요구르트는 세계적으로도 유명하다. 불가리아에선 거의 모든 음식에 요구르트가 함유되었다고 해도 무방하다.

사실 불가리아도 우리에게 친숙하진 않지만, 최근의 CF 덕택인지 그래도 이웃한 루마니아에 비하면 생소함이 덜하다. 과거 '체조요정' 코마네치●와 독재자 차우셰스쿠로 유명했던 루마니아는 구소련이 붕괴되면서 겨우 사회주의 체제를 벗었다고는 하나 여전히 동유럽 내 최빈국에 속한다. 끝까지 개혁을 거부한 차우셰스쿠가 1989년 12월 25일 측근에 의해 살해되면서 루

수도 부크레슈티에서 본 어느 기념탑

마니아는 대변혁을 맞았다.

　차우세스쿠 사망직후 수도 부쿠레슈티는 암흑
그 자체였다. 낮이면 생필품을 사기 위한 행렬이
곳곳에 늘어섰고 저녁엔 깜깜천지였다. 거리의
에스컬레이터도 멈춰섰다. 민주화시위의 희생자
들을 위해 인터콘티넨탈호텔 근처에 마련된 촛불
광장만이 유일하게 어둠을 밝히고 있었다. 40여
년간 공산주의를 건설코자 했던 망상이 한순간에
무너지면서 스러진 경제, 암담한 정치를 바라보
는 국민들의 비애만 남았었다.

부크레슈티 혁명광장 기념탑 1989년 독재정권을 몰
아내기 위한 혁명 당시의 희생자들을 기리기 위해 만
든 기념탑

국회의사당 미국의 펜타곤 다음으로 세계에서 두 번째로 큰 건물이다. 이전의 명칭은 '인민궁전'으로, 차우셰스쿠가 북한의 인민문화궁전을 보고 와서 지은 건물이다.

그러나 지금의 부쿠레슈티는 판이하다. 거리와 상점들엔 활기가 넘치고 사람들 표정도 환하게 밝다. 유럽의 여느 도시 못지않다. 시내를 가로질러 가다보면 한국산 브랜드 간판들이 눈에 많이 띈다. 특히 삼성, LG, 기아, 대우 등 국산 휴대폰과 자동차 브랜드들은 루마니아 내 시장점유율 1위를 점하기도 한다. 하지만 이것이 한국계 브랜드인지 아는 사람들은 드물다. 남한과 북한을 구분하지 못하는 사람이 태반일 정도로 이들의 한국에 대한 지식은 일천하다.

루마니아인들은 어디서나 여행자들을 따뜻하게 맞아준다. 동유럽에서 유

끝없이 펼쳐진 해바라기 밭. 루마니아는 해바라기 최대생산지다.

일한 라틴계여서 아마도 활달한 민족성이 한몫 한 듯하다. 비록 삶은 고단하지만 아직까지 순수성을 버리지 않은 모습이 인간미를 풍긴다. 호기심 많고 친절한 사람들, 저렴한 물가, 흥미로운 사건의 연속. 이것이 루마니아로의 여행을 재촉하는 요인들이다.

'기쁨의 도시'라는 의미의 부쿠레슈티에서 가장 먼저 눈에 띄는 것은 인민궁전, 지금의 국회의사당이다. 차우셰스쿠가 북한의 인민문화궁전을 보고 와서 지었다고 한다. 사면에서 바라보는 모습이 똑같고 높이만 80미터에 이른다. 미 국방성 건물인 '펜타곤' 다음으로 세계에서 두 번째로 큰 건물이

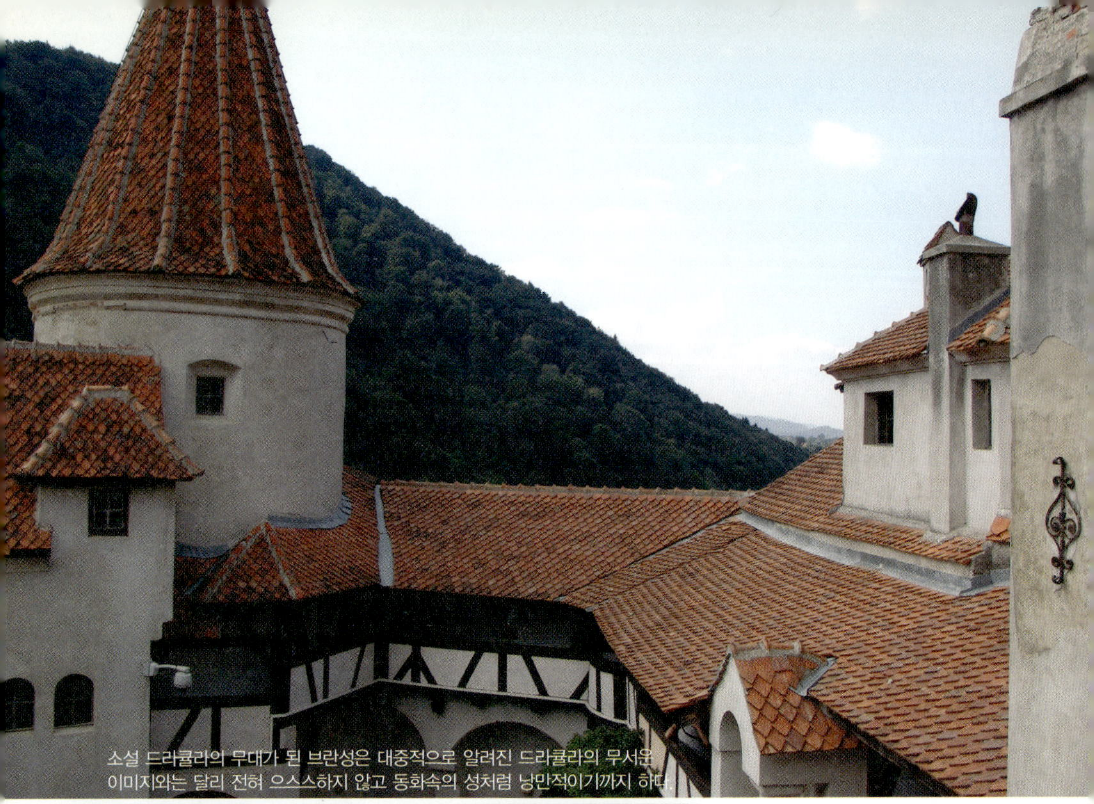

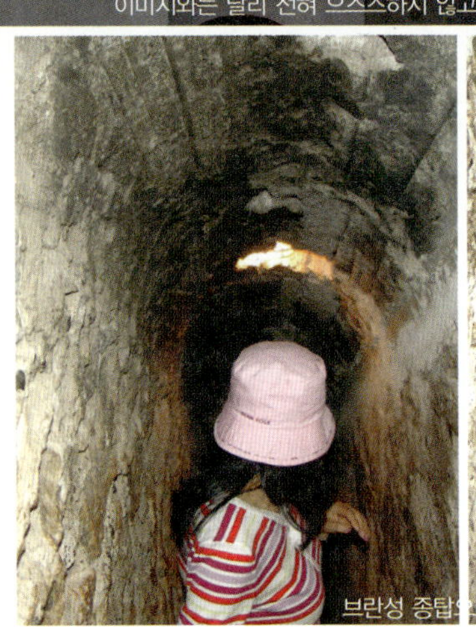

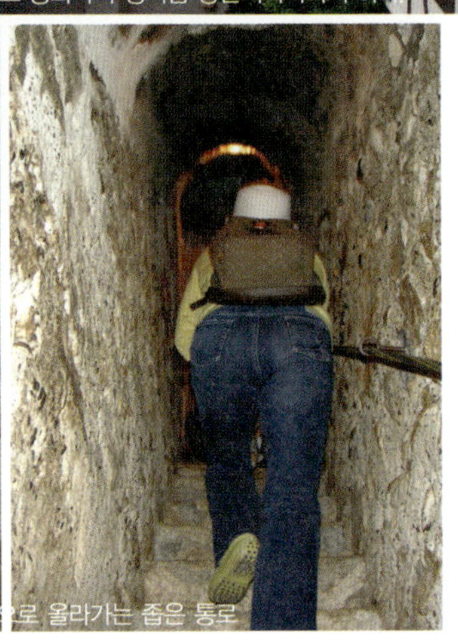

소설 드라큘라의 무대가 된 브란성은 대중적으로 알려진 드라큘라의 무서운 이미지와는 달리 전혀 으스스하지 않고 동화속의 성처럼 낭만적이기까지 하다.

브란성 종탑으로 올라가는 좁은 통로

다. 2만 명이 동원돼 하루 3교대로 5년에 걸쳐 건설됐다. 독재자의 지독함을 느끼게 하는 대목이다. 의사당으로 들어가는 광장대로에는 루마니아의 41개 주를 상징하는 41개의 각각 다른 모양의 분수들이 늘어서 있다.

루마니아 하면 또 드라큘라 백작이 유명하다. 그는 터키의 침략에 대항해 나라를 지켰던 민족적 영웅이었으나 포로를 처형하는 방법이 워낙 잔혹해

브란성내에서 포즈를 취하고 있는 필자

브란성으로 관광 온 한 커플과 루마니아 모녀

소설에서는 흡혈귀로 묘사되었다. 지금은 이 드라큘라의 주무대였던 브란 성이 제1의 관광명소다. 하지만 흡혈귀의 괴기스러움이나 음침함을 기대한 다면 크게 실망할 수 있다.

시외에 자리잡은 경치 좋은 레스토랑

성 입구에서 드라큘라를 상품화한 각종 기념품들을 판매하는데 드라큘라나 뱀파이어의 브랜드가 붙은 와인, 티셔츠, 가면, 머리띠 등이 되레 우스꽝스러운 분위기를 연출한다. 전형적인 중세유럽의 성곽인 브란성은 하얀색 벽에 붉은 지붕이 아름답기까지 하여, 드라큘라라는 이름만 아니라면 유럽의 한적한 시골에 소풍 온 것 같은 기분까지 들게 만든다.

불가리아에서 장미 한 웅큼을 사서 연인이나 가족에게 맘껏 선사하고 요구르트를 섞은 장수식사로 배를 채운 뒤, 다뉴브강을 건너 루마니아의 인민궁전과 브란성을 돌아보는 여정이라면 유럽의 조용한 여유를 만끽하는 여행코스로 제격이 아닐까?

루마니아의 독재자, 니콜라에 차우셰스쿠(Nicolae Ceausescu 1918~1989)

비극적인 최후를 맞아 전 세계적으로 화제가 되었던 인물인 니콜라에 차우셰스쿠는 1967년 권좌에 올라 23년간의 장기집권과 우상숭배를 획책하고 시민들의 저항이 거세지자 도주하다가 체포되어 공개처형되는 최후를 맞이한 루마니아의 독재자다.

루마니아왕국 남부 스코르니체슈티에서 농민의 아들로 태어났다. 11세 때 부쿠레슈티로 이주하여 구두수선공의 견습생이 되었다고 알려졌고, 1932년에는 당시 불법정당이던 루마니아 공산당에 가입하여 지역 당서기를 역임하며 위험한 공산주의 선동가로 활동

하기 시작했다. 이로 인해 1936년부터 1938년까지 감옥생활을 했는데 출소 이후 1939년에 섬유공장 노동자 출신인 엘레나 페트레스쿠를 만났으며 1946년에 결혼한다. 1940년 다시 투옥된 그는 티르구지우 강제수용소로 옮겨 수감되었고, 철도원 출신 공산주의 운동가인 게오르게 게오르기우데지(Gheorghe Gheorghiu-Dej 1901~1965)와 같은 감방을 쓰게 되면서 이후 그의 심복이 되었다.

1945년 제2차세계대전이 끝나고 루마니아가 소비에트연방의 영향권에 들어갈 때 그는 1944년부터 1945년까지 공산청년연합 서기관을 지냈다. 1947년 루마니아 공산당이 권력을 차지한 데 이어 1949년 공산주의국가인 루마니아인민공화국이 수립되자 그는 자신의 정적들을 제거하고 권력을 잡은 게오르게 게오르기우데지의 정권하에서 여러 요직을 맡았다. 1965년 3월 게오르기우데지의 사망 이후 차우셰스쿠는 루마니아 공산당의 지도자를 승계받았으며 1967년에는 국가평의회 의장으로 취임, 루마니아인민공화국의 국가원수가 된다. 집권 초기 그는 소련의 공산권 지배에 당당히 맞서는 독자노선으로 서방국가들과 대중의 지지를 받았으며, 루마니아 사회주의공화국의 바르샤바 조약기구 활동에 형식적 참여를 함으로써 1968년에는 바르샤바 조약국들의 체코슬로바키아 침공에도 참여하지 않고 공개 비난했다. 1974년 차우셰스쿠는 자신의 직분에 대통령직을 추가하여 루마니아 사회주의공화국의 초대 대통령으로 취임한다. 외교 정책으로는 중소분쟁 때 중화인민공화국과 옛 소비에트연방 중 어느 한 편에 가담하지 않는 독자노선을 걸었지만, 민주주의를 요구하는 정치개혁은 허용하지 않았고 민중들의 표현의 자유와 언론을 통제하고 반대세력을 용납하지 않는 독재정치를 감행했다. 그의 개인숭배가 본격화된 것은 1971년 중화인민공화국과 조선민주주의인민공화국을 방문한 뒤 김일성의 주체사상과 마오쩌둥의 문화대혁명에 감명을 받고 귀국하면서부터다. 이후 그는 김일성 주석을 "민족의 태양"으로 우상화하면서 독재체제를 유지하는 조선민주주의인민공화국의 정치체제를 모방하기 시작했으며, 주체사상에 관한 서적을 루마니아어로 번역보급했다. 그의 어설픈 김일성 모방과 아들을 포함한 일가친척 40여 명을 정부와 공산당 요직에 임명하는 족벌정치를 펴면서 온 국민의 일상을 감시·도청하는 공포정치를 실시했다.

1989년 차우셰스쿠는 자신의 경제정책 실패로 경제가 파탄난 현실을 전면적으로 부정하며 국영방송을 이용해 허위사실을 조작 보도했다.

그러나 그해 12월 티미쇼아라와 부쿠레슈티에서 벌어진 일련의 유혈사태를 거쳐 차우셰스쿠 정권은 몰락하기에 이른다. 티미쇼아라에서 민주화운동을 지도하던 라슬로 토케스(1952~) 목사를 체포한 사건에 대항해 1989년 12월 17일 헝가리 개신교 신자들이 주도한 시위는 루마니아 학생들이 가담하면서 더욱 포괄적인 반정부 시위로 변했다. 당시 차우셰스쿠 정권의 군대는 시위대에 발포하여 많은 사상자를 내며 국민들의 인권을 무참히 짓밟았다. 이때 이란을 방문 중이던 차우셰스쿠는 시위가 외부세력에 의해 주도되었다며 급히 귀국하여 그를 지지하는 관선대회를 계획했다. 그러나 대회가 생중계되는 현장에서 국민들의 불만이 폭발했고, 그 장면이 전국에 생방송되며 차우셰스쿠는 긴급히 대피했다.

이후 국민들에게 발포하라는 명령을 거부한 바실리 밀레아(Vasile Milea 1927~1989)가 친위대에 암살당하면서 시위는 진역으로 번진다. 극도의 혼란속에 구구전선이 결성되고 이들은 곧 방송국과 수도 대부분을 장악, 친위대와 시가전을 벌였다. 이

당시 빅토르 스탄쿨레스쿠 국방장관이 군인들의 시위참여를 묵인하며 시위대의 규모가 기하급수적으로 커지자 이에 위협을 느낀 차우셰스쿠 부부는 헬리콥터로 부쿠레슈티 탈출을 시도했다. 그러나 대공사격을 받고 있다는 조종사의 거짓말에 속아 헬기를 착륙시켜 차를 얻어타고 이동 중 농업박물관에 도착해 쉬고 있을 때 근처 농부에 의해 감금되어 군에 넘겨지며 그들의 도피행각은 끝이 난다. 마침내 12월 25일 구국전선의 군사법정에서 인민재판을 통해 사형을 선고받고 독재정권은 막을 내렸다. 이때 사형집행인을 모집했는데 많은 수의 군인이 지원했던 것으로 알려졌고, 3명의 집행인에게 무려 160여 발의 총탄세례를 받은 독재자는 그렇게 최후의 순간을 맞이했다.

체조의 요정, 나디아 코마네치(Nadia Elena Comaneci 1961~)

체조의 역사를 새로 쓴 요정이라는 별명이 붙었던 나디아 엘레나 코마네치는 루마니아 오네슈티에서 태어났다. 여섯 살 때 벨라 카롤리 코치의 눈에 띄어 입문, 맹훈련을 쌓은 뒤 1971년 공산주의국가연합 청소년 체조선수권대회에서 우승을 차지하며 1973, 1974년도에는 전 부문 우승을 기록한다. 1975년 4개의 금메달과 1개의 은메달을 딴 유럽선수권에서 체조역사상 전무후무한 10점 만점을 받아 세계의 주목을 받은 그녀는 1976년 14세의 나이로 몬트리올 하계올림픽에 참가한다. 드디어 결전, 잔뜩 긴장 한 그녀는 마침내 이단 평행봉에 올라 부드럽고 힘차며 과감하면서 우아한 몸짓으로 연기를 마친다. 그리고 전광판에는 1.00이란 숫자가 찍히고 관중석은 술렁거렸다. 당시를 회고할 때 그녀는 내심 9.9대를 기대했었다고 말한다. 아나운서 멘트가 만점이라고 알려주고 나서야 관객들과 코마네치가 10점 만점이란 사실을 인식한 순간이었다. 당시 기록판은 두 자리를 표기할 수 없어 벌어진 해프닝이었다. 올림픽 역사상 최초의 만점연기는 곧바로 전 세계를 놀라게 한다. 하지만 만점행진은 여기서 그치지 않고 무려 여섯 차례를 기록하며 금메달 3, 은메달 1, 동메달 1개라는 놀라운 성적으로 대회를 마친다. 기록경기가 아니라 심판들의 판단에 의해 점수가 주어지는 경기에서 9.9점이 아닌 10점이라는 사실은 당시 체조계를 경악케 했다. 단순한 눈요깃거리에서 예술로 승화되며 체조의 역사가 다시 씌어진 순간이었고, 체조경기의 역사는 코마네치 전과 후로 구분되는 중요한 전환점을 제공했다. 올림픽 이후 그녀는 당시 공산국가였던 루마니아의 국민적 영웅이 되어 '영웅'이라는 칭호를 받았다. 당시 시사잡지 〈타임〉지는 그녀를 가리켜 '인간의 몸을 빌려 지상에 나타난 요정'이라고 극찬했다.

1976년 이후 코마네치는 루마니아에서 성장하면서 많은 가치관의 혼란을 겪고 방황했다. 루마니아 체조연맹에 의해 자신을 키워준 카롤리 코치와 헤어지고 부쿠레슈티로 떠난 그녀는 당시 6개월을 자신의 삶에서 잃어버린 시간이라고 회고했다. 과식으로 체중이 10kg이나 불어난 그녀는 카롤리 코치의 적극적인 권유로 다시 훈련에 참여하여 1978년 세계선수권대회에 참가하지만 4위에 그치는 부진함(?)을 보였다. 이후 계속되는 훈련으로 유럽선수권을 차지하고 1980년 모스크바 올림픽에서 평균대와 마루운동에서 금메달을 목에 걸며 개인종합우승을 차지해 다시 한 번 영예를 얻는다.

당시 독재자의 망령은 루마니아 전역에 걸쳐 있었고 안타깝게 코마네치도 예외는 아니었다. 독재자의 권력을 이어받은 황태자는 여성으로 그녀를 괴롭혔고, 이를 못 참던 그녀는 1989년 마침내 미국으로 망명하여 체조선수 출신인 남편을 만나 결혼해 현재까지 체조아카데미를 운영하며 모델과 자선활동을 하고 있다.

인간의 육체적인 표현영역을 뛰어넘어 '신의 표현'이라고 극찬했던 그녀는 2004년 아디다스의 광고 'Impossible, it is nothing'(불가능, 그것은 아무것도 아니다) 시리즈에 전파를 타면서 다시 한 번 화제가 되기도 했다.

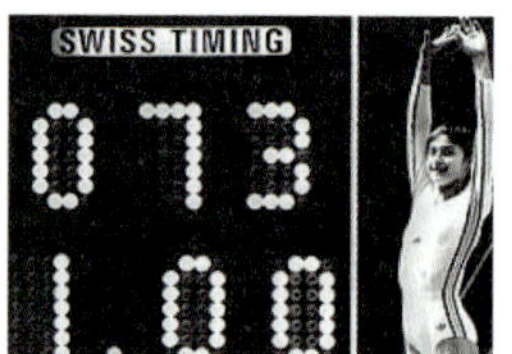

화약고에 핀 꽃, 크로아티아

크로아티아에서는 수도 자그레브보다 두브로브니크가 관광도시로 더 유명하다. 크로아티아의 최남단에 자리잡고 있는 이곳은 예로부터 아드리아해의 진주라고 불렸다.

현대 남성의 복장을 대표하는 넥타이의 발상지는? 바로 크로아티아다. 약 300여 년 전 크로아티아의 스카프에서 유래되었다. 워낙 외세의 침략이 많아 처음에는 아군임을 표시하기 위해 만들었던 식별표였는데 이것이 프랑스에서 유행을 하며 전 세계로 퍼져나갔다고 한다. 동유럽의 숨겨진 보석 크로아티아는 예전에는 유고슬라비아라는 나라에 포함되어 있었다. 공산정권이 붕괴되던 1990년대 초에 슬로베니아, 크로아티아, 보스니아헤르체고비나, 마케도니아공화국 등 4개국이 먼저 유고슬라비아 연방에서 독립했다. 그 중 슬로베니아가 연방군과의 짧은 전쟁에서 승리하며 제일 먼저 독립했고, 크로아티아와 보스니아헤르체고비나는 정국이 혼란한 상태에서 수많은 전쟁과 민족 간의 학살이 있었다. 평화적으로 독립한 나라는 마케도니아공화국뿐이었다. 남아 있던 유고연방에서 2006년 몬테네그로가 독립하면서 유고연방은 총 6개 국가로 나뉘어졌다.

신 · 구 시가지가 조화로운 수도 자그레브

1998년 월드컵에서 3위를 차지하기 전까지 크로아티아는 유럽의 화약고•라 불리던 발칸반도에서 내전이 끊이지 않는 위험한 국가로만 알려져 있었다. 전쟁의 흔적이 많이 남아 있어 관광을 가기엔 적합하지 않을 것 같지만, 실상은 유럽에서 아름다운 자연을 가진 휴양지로 각광받

옐라치차광장의 보병 석상 앞에서

●크로아티아 [Croatia] – 발칸 반도 중서부, 아드리아 해
공식명칭 크로아티아공화국(Republic of Croatia) 인구 4,483,804명
면적 56,542 km² 수도 자그레브 Zagreb
정체 · 의회형태 공화제, 다당제, 단원제 국가원수/정부수반 대통령/총리
공식언어 크로아티아어 독립 1991.06.25
화폐단위 쿠나(kuna/HrK, 복수형 kune) 종교 로마가톨릭 88%
1인당 국민소득 $17,400, 67위

크로아티아의 수도 자그레브. 중세도시 분위기가 넘치는 구시가는 평화로움과 고요함이 깃들어 있고, 상업지구인 신시가는 활기찬 분위기에 현대적 건축물들이 구시가의 중세건물들과 서로 대비되면서도 아주 자연스럽게 조화를 이루고 있다. 자그레브에서 가장 높은 건물이 자그레브 성 스테판성당으로 시내 어느 곳에서도 두 개의 첨탑이 금방 눈에 띈다. 수많은 외세의 침략과 화재로 인해 성당은 아직까지도 보수공사 중이다.

고 있어 죽기 전에 꼭 한 번 가봐야 할 지상낙원으로 불린다. 게다가 고대 그리스·로마 시대의 궁전 등 유적들이 산재해 있어 고고학적으로도 의미가 큰 여행지다.

크로아티아에 도착하기 전까진 나도 여러 가지 선입견을 버리지 못했다. 수도 자그레브 국제공항에 도착했을 때까지만 해도 우리나라의 지방 공항만한 규모에 눈길을 끌 만한 시설도 전무하다시피 했다. 유럽의 변방, 오랫동안 내전을 겪은 나라. 하지만 자그레브 시내로 들어가면서 생각은 싹 바

성벽으로 둘러싸여 있는 구시가지로 들어오면 하얀 벽면에 빨간 지붕의 건물들과 석회석으로 잘 정돈된 중앙광장 그리고 좁은 길과 돌로 만들어진 경사진 길들이 마치 영화의 세트장 같다.

꾸었다. 중세도시 분위기가 넘치는 옛 시가지는 평화로움과 고요함이 깃들어 있고, 상업지구인 신시가지는 활기찬 분위기에 현대적 건축물들이 구시가의 중세건물들과 서로 대비되면서도 아주 자연스럽게 조화를 이루고 있었다.

자그레브의 중심권은 17세기를 기준으로 구시가지와 신시가지로 구분되는데 걸어서 여행을 할 수 있다. 전부 둘러보는 데 반나절이면 충분하다. 구시가지 산책은 아주 운치 있는 일이다. 가장 높은 건물이 자그레브 성 스테판성당인데 시내 어느 곳에서도 두 개의 첨탑이 금방 눈에 띈다. 수많은 외세의 침략과 화재로 인해 성당은 아직까지도 보수공사 중이다. 성당 앞에는 성마리아의 금빛 동상과 분수대가 자리잡고 있다.

구시가지를 거닐며 만난 크로아티아 사람들은 아주 친절했다. 아직은 동

두브로브니크 성곽 성벽 위에서 바라보는 아드리아 해안

두브로브니크의 아름다움을 한눈에 볼 수 있는 곳이 구시가지와 아드리아해 전체를 조망할 수 있는 산 정상이다. 구시가지를 감싸고 있는 25m 높이의 견고한 성벽 위를 거닐다보면 절벽으로 부서지는 하얀 파도와 파란 바다가 마치 시간이 정지된 것처럼 펼쳐진다.

양인 관광객이 많지 않은 탓인지 약간의 호기심이 섞여 더욱 친절하게 대했다. 관광자원은 유럽의 어느 선진국 못지않지만, 관광대국이라는 자국민들의 자존심이나 콧대는 별로 없다. 역사적으로 많은 침략을 받아온 탓에 혼혈인이 많은 것인지 사람들도 모두 잘생겼다.

진정한 낙원, 두브로브니크

크로아티아에서는 수도 자그레브보다 두브로브니크가 관광도시로 더 유

두브로브니크에서 놓치지 말아야 할 여행 포인트는 구시가지와 아드리아해 전체를 조망할 수 있는 산 정상에 오르는 것과 해질녘 베네치아인들이 쌓은 두브로브니크 성곽을 따라 산책하는 것이다.

명하다. 크로아티아의 최남단인 이곳은 예로부터 아드리아해의 진주라고 불렸다. 아드리아해를 사이에 두고 이탈리아와 마주보고 있는 항구도시로 역사가 아주 긴 도시다. 21세기에 완벽하게 보존된 17세기의 중세도시를 보려면 두브로브니크로 가면 된다. 더욱 놀라운 점은 아름다운 중세의 건물에 아직도 주민이 거주하고 있다는 것이다. 아름다운 자연풍광과 어우러져 있는 중세도시는 말로는 표현하기 힘들 정도로 훌륭한 예술품 그 자체다.

두브로브니크는 7세기 중반부터 사람들이 살기 시작해 베네치아공화국의

두브로브니크 성곽으로 소풍나온 아이들 모습

두브로브니크 성곽 위의 모습들

주요 거점도시 중 하나였다. 지중해의 해상도시로 번성했지만 1557년 지진으로 인해 심하게 파괴되었고 복구 후 유고슬라비아 내전으로 또 다시 피해를 입었다. 종전 이후 유네스코 등 국제적인 지원에 의해 현재 모습으로 재건되었다. 전쟁 당시 이곳을 아끼는 많은 유럽의 지식인들이 해안에 배를 띄우고 '우리를 먼저 폭파하라'고 외치며 인간방패로 나서 도시를 지켜낸 일화로도 유명하다. 아일랜드의 극작가 버나드 쇼가 '진정한 낙원을 찾으려면 두브로브니크로 가라'고 했을 정도로 눈부시게 아름다운 이곳은 유럽인들이 가

198

성 밖에는 크고 작은 요트와 배들이 아드리아해의 운치를 더한다.

장 선호하는 휴양지 중의 하나다.

두브로브니크의 아름다움을 한눈에 볼 수 있는 곳이 구시가지와 아드리아해 전체를 조망할 수 있는 산 정상이다. 구시가지를 감싸고 있는 25미터 높이의 견고한 성벽 위를 거닐다보면 절벽으로 부서지는 하얀 파도와 파란 바다가 마치 시간이 정지된 것처럼 펼쳐진

두브로브니크 시내와 아드리아해를 뒤로 한 컷.

다. 성벽으로 둘러싸여 있는 구시가지로 들어오면 하얀 벽면에 빨간 지붕의 건물들과 석회석으로 잘 정돈된 중앙광장, 그리고 좁은 길과 돌로 만들어진 경사진 길들이 마치 영화의 세트장 같다.

자그레브 옐라치차 광장의 민속공연단

계단 난간의 손잡이 하나에도 장식을 곁들여 눈길이 가지 않는 곳이 없다. 약 200미터의 중앙로는 1시간 남짓이면 둘러볼 수 있지만 작은 상점을 구경하면서 이리저리 걸어 다니다보면 몇 번을 걸어도 또 걷고 싶어진다. 대리석으로 만들어진 성 외곽에는 여전히 사람들이 살고 있고, 중심거리는 상가로 되어 있다. 고딕과 르네상스, 바로크양식의 교회, 수도원, 궁전 등이 잘 보존된 구시가지 전체는 1979년 유네스코 세계문화유산으로 지정되었다.

거리공연 예술가와 시민들의 만남

　성 밖으로 나가면 크고 작은 요트와 배들이 정박해 있는데 초록빛 바다에 떠 있는 하얀색 요트들이 선명하게 눈에 각인된다. 크로아티아의 아드리아해 연안에는 무수히 많은 섬들이 있지만 대부분이 아직 원시상태에 머물고 있다. 국가면적은 크지 않아도 아드리아해를 따라 길게 자리잡고 있어 해안선의 길이가 1,800킬로미터 가까이 되고, 섬까지 포함하면 5,800킬로미터나 된다. 최근 아드리아해 연안 휴양지들은 전 세계 피서객들로부터 여름휴양지로 각광받고 있다. 이들 휴양지는 멋진 바다와 에메랄드빛 푸른 물결만 자랑하는 것이 아니라 고대 로마시대의 유적도 고스란히 담고 있고, 성벽으로 둘러싸인 중세도시들도 잘 보존되어 있어 여행자들에게 찬사를 받고 있다.

　유럽 국가들을 여행하다보면 정말 부러운 점이 있다. 잘사는 나라건 못사는 나라건 거리 곳곳에서 연주나 공연하는 사람들을 볼 수 있다. 잘 정비된 거리에 성당이나 궁전, 미술관, 극장, 고풍스러운 건물, 그리고 골목길마다 자리잡은 아기자기한 노천카페. 이러한 것들이 유럽의 운치를 살려주지만 마지막을 완성하는 건 사람이 모이는 곳이면 어디서든 공연을 하는 예술인들이 있다는 것이다.

　물론 당국의 허가가 필요한 곳도 많을 것이다. 하지만 자신의 예술혼을 불태우는 예술인과 그 공연을 박수로 맞아주는 관객들이 자연스럽게 만남의 자리를 형성한다는 점은 바쁜 일상에 쫓기며 살아가는 한국의 도시인 입장에서 그저 부러울 따름이다.

유럽의 화약고, '발칸'을 설명하는 숫자, 123456

1개 국가 안에 2개 문자(키릴문자와 러시아문자)와 3개의 종교(그리스정교와 가톨릭과 이슬람), 4개 언어(세르비아어와 크로아티아어와 슬로베니아어, 그리고 마케도니아어), 5개 민족(4개 언어의 민족에 몬테네그로인이 더해진다), 6개 공화국(5개 민족에 보스니아공화국이 더해지고, 현재는 코소보자치주가 별도로 독립했다)으로 간단히(?) 요약할 수 있다. 발칸반도는 역사적으로 유럽과 아시아의 두 대륙 사이, 동로마와 서로마의 경계, 가톨릭과 그리스정교의 사이, 게르만족과 슬라브족의 경계 그 즈음에 걸쳐 있는 지역이다. 이곳에서 오스트리아와 오스만투르크가 3백년 이상 대치하여 각축을 벌이며 교대로 유고민족들을 지배했고, 19세기 후반에는 러시아까지 뛰어들어 범슬라브주의와 범게르만주의의 대립까지 한몫을 했다.

구유고슬라비아 연방의 모태는 1914년 1차대전의 포문을 연 황태자부부 암살사건으로 거슬러올라간다. 이 총격이 사라예보에서 발발하고 이후 34개국이 동맹국과 연합군으로 갈려 1천만 명의 사상자를 낸 뒤 1918년 독일의 항복으로 전쟁은 막을 내린다. 그리고 1918년 '세르비아-크로아티아-슬로베니아 왕국'이 건설되며, 이 왕국은 1929년 유고슬라비아 왕국으로 국명을 변경했다. 이후 2차대전이 발발하고 나치독일의 유고슬라비아 침공으로 세워진 괴뢰 파시스트정권이 '인종청소'라는 이름으로 35만의 세르비아인과 유대인, 집시들을 학살한 피의 역사가 있었다. 2차대전 이후 요시프 티토(1892~1980)가 공산정권을 수립하면서 6개 공화국(세르비아, 크로아티아, 몬테네그로, 슬로베니아, 마케도니아, 보스니아헤르체고비나)과 2개 자치주(코소보, 보이보디나)로 구성된 유고슬라비아 인민공화국이 탄생했다. 각 공화국에 자치권을 부여한 티토는 정치적 민족주의를 제창하며 다민족, 다인종, 다종교로 구성된 공화국간 갈등을 무마시켜 왔으나 티토 사후 유고는 문화적, 종교적 민족주의가 팽창하면서 90년대 초반 각 공화국이 분리의 길을 걷기 시작했다.
종교적으로 분류하면 가톨릭교회문화권(슬로베니아, 크로아티아), 정교회문화권(세르비아, 몬테네그로, 루마니아, 불가리아), 이슬람문화권(알바니아)으로 나눌 수 있으나 마케도니아의 경우 정교회와 이슬람교가 혼재해 있고, 보스니아헤르체고비나는 가톨릭교회, 정교회, 이슬람교가 모두 뒤섞인 나라라는 점에서 분쟁의 불씨가 존재해왔다. 1991년의 크로아티아 침공은 슬로보단 밀로셰비치(1941~2006)에 의해 행해졌는데, 유고슬라비아 연방에서 크로아티아와 슬로베니아가 독립을 선언하며 크로아티아에 있는 세르비아인을 보호한다는 명분이었다. 1992년 보스니아가 독립을 선언하자 밀로셰비치는 보스니아 내 세르비아계 반군을 지원했고, 프라뇨 투지만(1922~1999) 크로아티아 대통령 역시 보스니아 내 크로아티아계를 지원하기 시작했다. 이 과정에서 보스니아 내의 이슬람계는 절대 열세에 놓였고, 주로 세르비아계와 크로아티아계에 의한 '인종청소'가 곳곳에서 자행되며 3년 동안 무려 30여만 명이 숨지고 수백만 명이 난민으로 전락하기에 이른다. 유엔은 그제서야 서방측이 세르비아에 대한 경제적 봉쇄와 군사공격을 통해 '데이턴 합의안'을 이끌어내면서 내전이 종결되고 보스니아는 보스니아헤르체고비나 연방과 스르프스카 공화국 2개의 정치체제를 지닌 국가로 정착됐다. 갈등은 완전히 종식되지 않아서 1999년 코소보에서는 또 다른 사태가 발생했다. 1989년 세르비아로부터 강제로 자치권을 상실한 코소보 내 알바니아인들과 세르비아 경찰간의 충돌이 민족간 교전으로 확대된 것이다. 내전이 세르비아와 알바니아의 지원으로 확산되자 미국은 유엔 안전보장이사회의 결의 없이 나토를 통해 1999년 3월 세르비아와 코소보를 공습한다. 러시아의 중재로 그해 6월10일 양측은 세르비아군의 철수와 유엔평화유지군의 코소보 주둔을 원칙으로 하는 평화안에 합의, 79일간의 코소보 분쟁이 마감되었다. 언제 터질지 모르는 분쟁의 불씨 탓에 삶은 불안정하다. 평화유지군은 주둔하고 있지만 그들에게 요원한 배고픔을 해결할 평화가 언제 찾아올지는 아무도 모른다.

지중해의 숨겨진 보석, 몰타

바다를 끼고 있는 도시는 어디나 아름답지만 지중해의 바다는 더욱 그렇다. 따사로운 햇살이 내리쬐는 코발트빛 바다와 파란 대문이 있는 하얀 집은 지중해를 대표하는 풍광이다. 하지만 지중해가 진짜 아름다운 것은 서양 문명의 역사가 고스란히 녹아 있기 때문이다. 다른 지역의 발달된 문물을 받아들여 찬란한 문화를 꽃 피운 곳이라는 의미로 지중해를 문명의 호수라고 부른다.

이탈리아반도 끝자락 시칠리아섬에서 남쪽으로 조금 떨어진 곳에 지중해의 숨겨진 보석 몰타가 있다. 우리에게는 아직 생소하지만 전 세계에 이름난 신혼여행지다. 유럽과 아프리카 사이, 지중해 중심에 자리잡고 있는 몰

수도 발레타 시내 동쪽의 그랜드 항구Grand Harbour

타는 유럽과 아프리카, 그리고 아랍의 문화가 고스란히 녹아 있다. 지중해 풍광을 만끽하는 것은 물론, 중세 건축물과 선사시대 유적을 탐방할 수 있다. 아직 한국과 몰타를 연결하는 직항편은 없지만 유럽이나 두바이 등을 경유하여 몰타로 갈 수 있다.

● **몰타 [Malta]** – 남유럽, 지중해
공식명칭 몰타공화국(Repubic of Malta) **인구** 408,333명
면적 316km²
수도 발레타 **정체 · 의회형태** 중앙집권공화제, 다당제, 단원제
국가원수/정부수반 대통령/총리
공식언어 몰타어, 영어 **독립** 1964.09.21 **화폐단위** 몰타리라(Maltese lira/Lm)
종교 로마가톨릭 98% **1인당 국민소득** $25,600. 53위

발레타에서 가장 유명한 건축물이 바로 성 요한대성당이다. 16세기에 세워진 바로크양식의 성당으로 아치형 천장에는 성 요한의 일생이 그려져 있고, 바닥에는 옛 기사들을 기리기 위한 대리석 묘비들이 깔려 있다.

성 요한대성당이 버티고 있는 수도 발레타

하늘에서 바라본 몰타의 전경은 다소 삭막하게 보이기도 한다. 공항도 마치 고속버스 터미널처럼 왜소하다. 하지만 공항을 빠져나오면서부터 그 진면목이 펼쳐진다. 몰타는 총면적이 제주도의 6분의 1정도밖에 되지 않는다. 가장 큰 섬인 수도 발레타가 있는 몰타와 고조Gozo섬, 코미노Comino섬과 3개의 작은 무인도까지 합쳐 총 6개의 섬으로 이루어져 있다. 그렇기 때문에 국경선도 없고 해안선의 길이가 140킬로미터에 이른다.

몰타는 페니키아어로 '피한지' 또는 '항구'라는 의미로 고대 지중해의 교통요지였다. 과거에는 영국함대가 주둔했을 정도로 지중해에서 중요한 위치에 있다. 인구의 98%가 가톨릭을 믿으며 종교와 관련된 축제가 1년내내 이어진다. 몰타는 '기사단의 나라'라고도 불린다. 이것은 200년 이상 성 요한기사단이 몰타를 지배했기 때문이다. 성 요한기사단의 제복을 장식해 이들의 상징이 된 몰타 십자가는 몰타를 여행하면서 자주 접하게 된다. 종교적 이유인지는 모르지만 몰타인들은 보수적이고 검소하며 소박하다. 정이 많고 친절하다.

몰타의 수도 발레타는 몰타섬 동쪽 해안에 접해 있다. 발레타라는 지명은 1565년 오스만투르크 침략에 대항해 몰타를 지킨 기사의 이름에서 유래했다. 인구 1만 정도의 작은 도시로 오래된 건물들이 즐비하다. 다닥다닥 붙은 건물들 사이로 뚫린 전통적인 외길은 몰타의 낭만을 즐기기에 부족함이 없다. 도시 중심부의 상가는 언제나 많은 사람들로 붐빈다. 몰타를 알리기 위한 관광상품이 많이 발달하여 다양한 물건들이 관광객의 눈길을 끌고 자연스럽게 쌈짓돈을 꺼내게 한다. 로마의 유적을 보는 것도 같고, 동유럽의 고

그랜드항구 한켠에 열린 시장. 다양한 물건들이 관광객의 눈길을 끈다.

성을 보는 것도 같은 착각을 일으킬 정도로 발레타는 오랜 역사를 간직한 도시답게 고풍스럽다.

발레타에서 가장 유명한 건축물이 바로 성 요한대성당이다. 16세기에 세워진 바로크양식의 성당으로 아치형 천장에는 성 요한의 일생이 그려져 있고, 바닥에는 옛 기사들을 기리기 위한 대리석 묘비들이 깔려 있다. 기둥과 바닥, 천장의 세밀한 조각과 화려함은 바티칸 박물관 못지않고, 기도실에 걸려 있는 이탈리아의 대화가 카라바조의 걸작품은 한참을 넋을 잃고 바라보게 한다.

발레타에서 만난 사람들은 정이 많고 친절하다.

수도 성벽 내의 남단에 위치한 옥상정원은 그랜드하버를 내려다볼 수 있는 전망대다. 이전에는 방호나 요새의 구실을 담당한 곳으로 대포들이 여러 갈래로 포진해 있다. 아마도 중세시대에 지중해 및 유럽에서 쳐들어오는 적들을 막아내는 요새구실을 톡톡히 해냈으리라.

3000년의 역사를 지닌 고도 엠디나는 성 요한기사단이 몰타로 오기 전까지 몰타의 수도였다. 전형적인 중세도시 엠디나는 적의 침입이 힘든 고도에 위치해 옛날에는 귀족들만 살았다고 전해지며 지금도 상류층이 거주하고 있다. 성을 둘러싼 연못을 가로지르는 돌다리를 건너 마을로 들어서면 바로크양식의 건물들과 적들의 화살을 피하기 위해 만든 좁고 휘어진 골목길이 영화의 한 장면 속에 있는 듯한 착각에 빠지게 한다. 마을 전체가 세계문화유산으로 지정되어 몰타 사람들이 관광객들에게 가장 먼저 보여주고 싶은 곳이라고 한다.

IL-BUKKETT
BAR &
RESTAURANT
il-Bukkett
FLATS FOR RENT

▲몰타의 수도 발레타는 오랜 역사를 간직한 도시답게 고풍스럽다. 과거 성 요한기사단이 오스만제국의 침입에 대비해 만든 천혜의 요새도시다. 노천카페에서 차를 마시는 사람들.

◀아이스크림을 파는 차량. 독특한 외관이 관광객들의 눈길을 사로잡는다.

밤이 되어도 발레타에는 활기가 넘친다.

이곳에 사는 몰타 사람들은 페리를 타고 북쪽에 있는 고조섬으로 휴양을 간다. 작은 성당과 성채, 작은 집들이 모여 있어 몰타에 비해 여유로운 정취를 느낄 수 있는 곳이다.

고조섬은 어느 곳을 가든지 그림 같은 전경이 펼쳐지는데 빅토리아 요새는 지구의 가장 높은 곳에 지어진 성곽으로 고조섬의 풍경을 한눈에 볼 수 있다.

선사유적인 주간티야 신전이 있는 고조섬

몰타는 섬 전체가 훌륭한 관광지요 천혜의 휴양지로 보이지만 정작 이곳에 사는 몰타 사람들은 페리를 타고 최북단에 있는 고조섬으로 휴양을 간다. 몰타 본섬에서 고조섬까지는 배를 타고 30분 정도 걸리며, 차가 있는 사람들은 차에 탄 채, 없는 사람들은 걸어서 배

빅토리아 요새에서 바라본 고조섬의 전경

에 오른다. 배에서 바라보는 지중해 풍광은 아름답기 그지없다. 깎아지른 듯한 고조섬의 절벽 풍광 역시 파란 지중해 바다와 어우러져서 우람한 기운을 뽐내고 있다.

고조섬도 몰타 본섬과 마찬가지로 오랜 역사를 가지고 있다. 지중해의 패권을 장악한 고대 로마제국도 한때 이 섬을 다스렸다. 그래서 섬 안에는 물을 끌어들이기 위해 만든 다리로 로마의 대표적 유적인 수도교水道橋도 남아 있다. 고조섬은 어느 곳을 가든지 그림 같은 전경이 펼쳐지는데 빅토리아 요새는 지구의 가장 높은 곳에 지어진 성곽으로 고조섬의 풍경을 한눈에 볼 수 있다. 성곽 내부에는 성당, 시장, 주택이 옹기종기 들어서 있다. 빅토리아 요새 주변은 고요한 시골풍경과 좁은 골목길이 잘 어우러진다.

오랜 세월 비와 바람에 침식되어 멋진 풍광을 자랑하는 '아주르 윈도우'

　고조섬에 있는 세계문화유산인 쥬간티아 신전은 몰타에서 가장 큰 신전이며 이집트 최초의 피라미드보다 일찍 세워진 것으로 추정된다. BC 3600~3000여 년 전에 만들어진 선사시대 거석 신전으로 거대한 바위는 무게가 수톤에 이르고 바깥벽에 세워진 바위는 6미터나 된다. 돌기둥을 수직으로도 세우고 수평으로도 쌓아서 여러 개의 방과 통로를 만들었는데, 그먼 옛날에 어떻게 수십 톤이나 하는 바위를 쌓아서 거대한 신전을 만들었을까 하는 궁금증은 지금도 풀리지 않은 수수께끼다. 수도인 발레타 시가 있는 몰타 본섬이 도회적이라면, 고조섬은 훨씬 더 야성적인 아름다움을 가지고 있다. 하얗게 파도가 부서지는 고조섬의 해안풍광은 역동적이면서도 세월을 뛰어넘는 초연한 매력을 풍긴다.

바다와 하늘이 맞닿은 수평선과 수직을 이루는
고조섬의 해안 절벽은 우람한 기운을 뿜내고 있다.

섬에 있는 세계문화유산인 쥬간티아 신전은 몰타에서 가장
신전이며 이집트의 최초의 피라미드보다 일찍 세워진 것으로
된다. 이는 BC3600~BC3000년에 만들어진 선사시대 거
신전으로거대한 바위는 슈톤의 무게가 나가고 바깥벽에 세워
바위는 6m나 된다.

빅토리아 요새 주변은 고요한 시골풍경과 좁은 골목길이 잘 어우러진다. 중세의
유럽도시를 그대로 옮겨놓은 듯하다. 구불구불한 골목길은 전쟁시 적들의 화살을
피하기 위해 곡선으로 만들었다.

중세유럽의 역사에서 정치·사회적으로 커다란 영향력을 발휘한 두 개의 사건이 있다. 십자군전쟁과 르네상스운동이다. 십자군Crusade은 교황의 호소에 의해 성지 예루살렘 탈환을 목적으로 조직된 기독교적 성향이 강한 군대로 이들이 11~13세기에 걸쳐 감행한 군사원정을 십자군전쟁 혹은 십자군원정이라고 한다. 이 전쟁은 1291년 팔레스타인에 남아 있던 십자군이 궤멸되면서 사실상 막을 내렸다. 하지만 당시 암흑이었던 중세유럽에 전쟁에서 노획하거나 약탈한 이슬람 유물들은 적잖은 활기를 불러일으켰고, 이것은 14세기의 르네상스운동에 영향을 미쳤다. 십자군의 예루살렘 원정시절 그 시대를 풍미한 몇몇 기사단이 있었고 후대에 와서 3대 종교기사단으로 명명하여 부르기도 한다. 몰타기사단(성요한기사단), 성전기사단(템플기사단), 튜튼기사단이 그들인데 이들은 당시 십자군의 정예로 뛰어난 무력을 자랑했다. 실제로 이들이 없었으면 십자군의 역사가 그리 길지 않았을 거라는 사가들의 평가처럼 호전적이며 전투적이었다.

제일 먼저 조직된 것은 성 요한기사단Knight Hospitalers

시오노 나나미의 《로도스섬 공방전》을 통해 소개되기도 했는데 성 요한기사단은 병원기사단, 구호기사단, 로도스기사단 등이며 현재는 몰타기사단으로 불린다. 1080년 성지순례하는 순례자들을 위해 예루살렘에 세워진 아말피병원에서 시작된 종교기사단으로 초기에는 의료단체로 시작했으나 점차 전쟁을 겪으며 군사적 목적이 강해지면서 16세기 초에는 튜튼·템플 기사단과 같이 당대의 주요한 군사조직으로 발전했다. 예루살렘이 이슬람세력에 의해 무너지자 본거지를 로도스섬으로 옮겨 예루살렘을 되찾기 위해 힘을 길렀으나 1522년 오스만제국에 의해 로도스섬에서 쫓겨 스페인령의 지중해 몰타로 이주했고, 다시 1798년 나폴레옹 보나파르트(Napoleon Bonaparte 1769~1821)의 몰타 점령으로 결국 그곳에서도 물러나고 말았다. 이들의 이야기는 몽골에 대항하여 완도로 제주도로 근거지를 옮기며 저항한 우리나라의 '삼별초'와 매우 닮았다. 몰타기사단이 몰타섬에 거주한 동안 그들이 몰타에 남겨둔 많은 흔적들은 이 아름다운 섬 방문객에게 특별한 감흥을 안겨준다. 몰타기사단의 휘장과 엠블렘(그림표식)이 휘날리는 거리며 그들의 발자취가 남은 수도 발레타와 바라카정원, 성 요한성당, 기사박물관 등이 그렇고, 날마다 이어지는 가톨릭행사와 재연이벤트 등의 볼거리가 그렇다.

재미있는 점은 몰타기사단은 실제로 주권국가라는 사실이다. 그들은 외교사절, 자국등록 선박, 자체 자동차번호판뿐만 아니라 독자적인 헌법과 법원 등 독립국의 요소들을 두루 갖추고 있으며 현재 국제법상 주체로 인정받고 있다. 국제법상 영토의 문제가 있자, 1986년 몰타기사단과는 별개인 몰타공화국 정부에서 과거의 역사적 인연을 고려해 몰타기사단에게 섬 하나를 할양하고 주권을 인정하겠다는 제안을 하기도 했지만 이를 거절한 것으로 알려졌다. 기사단의 표식이 되는 몰타십자가는 유럽 다른 나라에서도 간혹 볼 수 있다. 4개의 화살촉 문양이 사방에서 촉끝을 맞댄 모양새의 십자가는 몰타기사단이란 나라Sovereign Military Order of Malta의 국기이기도 하다.

두 번째로 설립된 것이 가장 유명한 템플기사단Knights Templar

정식명칭은 그리스도와 솔로몬 신전의 가난한 병사들(Poor Knights of Christ and of the Temple of Solomon)이며 역사적으로 볼 때 가장 화려했고 미스터리한, 그래서 《인디아나 존스》나 《다빈치 코드》 등 영화나 소설작품에 단골로 등장하는 기사단이다. 약 2세기가량 존재했던 이 기사단은 예루살렘 왕국 초창기에 만들어졌다. 십자군은 성지 일부의 요새밖에 장악하지 못해서 순례자들이 자주 이슬람교도의 습격을 받았다. 그러한 순례자들을 보호하기 위해 위그 드 파앵(Hugues de payens 1070~1136)이 이끄는 8~9명의 프랑스 기사들이 1119년말(또는 1120년초)에 순례자 보호에 헌신할 것과 이를 위해 종교단체를 구성할 것을 서약했다. 그러자 예루살렘왕 보두앵 2세는 왕실궁전 옆채에 그들의 거처를 마련해주었는데 그곳은 솔로몬왕이 건립한 예루살렘 성전이 있던 지역이어서 그 이름을 성전기사단이라고 했다. 기사들은 붉은 십자가가 표시된 흰색 겉옷을 입었으며 규율이 엄격했다. 그들의 세력이 급속히 증가했던 이유는 기사단이 교황 인노켄티우스 2세의 직속이었기 때문이다. 처음엔 예루살렘의 총 대주교에게 충성을 맹세했었으나 직속으로 권한이 바뀌며, 어느 교구에서 재산을 갖더라도 그곳 주교와는 상관이 없었다. 다시 말해서 교황의 직속용병 개념 정도다. 이러한 현실적이고 속물적인 이유가 기사단의 활동을 다양하게 만들었다. 그리고 십자군 국가의 방위에 절대적인 존재가 되어가며 급기야 그 수가 2만 명에 이르렀다. 스페인·프랑스·영국 등 각국의 왕들과 귀족들로부터 성과 영지 등을 받은 이들은 12세기 중엽 서유럽과 지중해 연안, 성지 전역에 걸쳐 방대한 자산을 소유하게 되고 막대한 재정적 권력을 거머쥔다. 군사력과 합쳐진 재력은 성지와 유럽을 오가는 왕과 권력의 은행역할마저 수행했던 것이다. 심지어 성배(聖杯, Holy Grail)조차도.

이들의 몰락과 해체의 과정은 갑작스럽게 일어났다. 당시 프랑스 왕이었던 필리프 4세에 의해 기사단이 궤멸당했다. 현재까지 이렇다 할 정확한 근거는 없지만 필리프 4세는 야욕이 강했던 인물로 알려져 있었다. 중세 사가史家들에 의하면 성 요한기사단과 템플기사단을 합쳐 예루살렘을 회복하려는 의욕이 강했다는 설. 이를 뒷받침하는 것은 당시 템플기사단의 그랜드마스터인 자크 드 몰레Jacques de molay에게 성 요한기사단과 합칠 것을 제안한 사실이 있다는 점이다. 물론 몰레는 이를 거절하고 후일 화형을 당한다.

두 번째로는 당시 필리프 4세는 잉글랜드와의 전쟁을 통한 채무를 지고 있었는데, 그 채무의 상당액이 기사단에 주어야 할 것이었다는 점에서, 또 영원한 왕조의 번영을 위해 제거해야 할 대상으로 보았다는 점 등 많은 관점에서 추론이 타당하다. 하지만 역사가 기록하는 것은 비교적 단순하다. 필리프 4세는 프랑스 출신의 교황인 클레멘스 5세에 대한 영향력이 강력했기 때문에 종교재판(혹은 이단심문異端審問 라틴어로는 Inquisitio)을 통해 공식적으로 기소했다. 죄목은 입단식에서 행해지는 남색男色행위 및 반그리스도적 맹세와 악마숭배였다. 당시 그들의 입단의식은 좀 비밀스럽고 특이한 점이 있었다고 전해지며, 현재의 음모론에 단골로 등장하는 단체인 프리메이슨 Freemason은 그래서 템플기사단과 연결해서 다뤄진다. 실제로 이런 일이 있은 뒤 재산은 국가에 몰수되고 기사단원들은 처형·투옥되며 마지막 기사단장인 자크 드 몰레와 참모들은 1314년 화형에 처해지면서 역사 속으로 사라졌다. 그로부터 약 700년이 지난 2001년 바티칸은 1307년부터 1312년까지의 조사와 재판기록을 공개했다. 판결의 내용은 다음과 같다. '이단혐의는 사실이 아니다'

마지막으로 설립된 것은 튜튼기사단Teutonic Order

가장 늦게 설립되었고 주로 동유럽 쪽에 영향력을 발휘한 튜튼기사단Teutonic Order은 독일기사단이라고도 하며, 공식명칭은 '예루살렘의 성 마리 가문 형제들의 기사단(Order of Brothers of Saint Mary of the Teutons in Jerusalem)이다.

1190년경 팔레스타인의 아크레에서 시작된 이 기사단은 애초 구호적인 성격에서 출발했다. 하지만 예루살렘을 찾는 독일어를 사용하는 자들이 증가하자 구호성격과 더불어 이들을 보호하는 역할을 맡게 된다. 이들은 검은 십자가가 그려진 흰색 겉옷을 착용했는데 이 검은 십자가 문양은 이후 프러시아 왕국의 문장과 독일의 철십자 훈장(Iron Cross)에 차용되었으며, 나치에 의해 민족주의 선전소재로 이용되기도 했다. 이들은 1211년 헤르만 폰 살차의 지휘 아래 활동의 주무대를 중동에서 동유럽으로 옮겼다. 헝가리에서 왕을 도와 쿠만족을 방어하는 데 일조했으며 교황의 힘을 빌려 헝가리 왕조를 축출하려다가 추방당한다. 이후 마조비아의 콘라트로부터 프로이센을 정복해 개종시켜달라는 요청을 받은 기사단원들은 1233년부터 약 50년에 걸쳐 토착민을 거의 몰살하고 지배권을 확립한다. 기사단은 영지들을 교회에 헌납하고 실질적인 중심세력으로 성장해 나갔으며, 1263년 기사들의 이윤을 허락하자 무역을 독점하며 더욱 강력해졌다.

1291년 예루살렘 왕국이 끝나자 타종교를 가진 리투아니아의 정복에 나선다. 강력히 저항하는 리투아니아를 완전 복속시키지는 못했으나 14세기 중엽 북유럽의 최대세력을 형성했다. 14세기 말에는 리투아니아-폴란드 연합군에 의해 위협을 받다가 1410년 그룬발트 전투에서 대패한다. 이후 기사단은 힘을 잃어가며 30년전쟁을 치르고 폴란드왕의 봉신이 되어 개종하며 명맥을 유지하다가 1808년 마침내 나폴레옹에 의해 해체되고 기사단의 영지는 다른 공국들이 나눠가졌다. 오스트리아 제국은 1834년 빈에서 튜튼기사단을 교회의 명예단체로 다시 창설했고 1929년 명예 가톨릭단체로 변신, 빈에 본부를 두고 있다.

수채화

눈부신 햇살
코발트빛 바다
그 위에 떠 있는 하얀 요트

자로 그어놓은 듯한 수평선
깎아지른 절벽
자연이 만든 창문, 아주르 윈도우

회색빛 골목길
베이지색 건물
그리고 창가의 빨간 장미꽃

검은 선글라스
눈썹도 하얀 백발의 노신사
그리고 웃음

세월을 뛰어넘는
초연한 매력이 있는 곳,
몰타

다양한 도시의 매력 – 스페인

프라도박물관 앞에 길게 늘어선 사람들

    스페인 하면 떠오르는 이미지는 붉은 색으로 표현되는 정열의 나라, 플라멩코와 투우●, 아메리카 대륙의 절반을 지배했던 제국과 정복자들이 남겨 놓은 역사와 고야와 피카소 등 뛰어난 화가들의 예술품들이다.

    유럽의 서남쪽 이베리아반도를 대부분 차지하는 스페인은 유럽대륙에 속해 있지만 북쪽으로는 험준한 피레네산맥이 유럽 본토와 경계를 두고 있으

226

식당 안에서 플라멩코를 추는 여인들

며, 남쪽으로는 지브롤터해협을 사이에 두고 북아프리카와 맞대고 있어 다른 유럽지역과는 다른 독특한 문화를 지니고 있는 곳이다. 지리적 환경에 따른 풍부한 음식들과 이슬람, 기독교, 가톨릭이 버무려진 복합적인 문화 그리고 이런 복합적이고 문화적인 배경 속에서 탄생한 미술의 거장 파블로 피카소, 프란시스코 고야, 살바도르 달리, 현대 미로 건축의 거장 가우디의

13세기에 알폰소 대주교에 의해 창립된 살라망카대성당. 살라망카의 돌들은 약간 물러서 조각하기가 좋고 세월이 흐르면서 견고해진다. 건물 하나하나가 모두 예술품이다.

건축물 등 독창적이고 아름다운 예술의 본고장이 스페인이다.

스페인은 수도 마드리드나 바르셀로나가 유명하지만 작아도 볼거리 많은 도시가 많다. 스페인 최고의 대학도시 살라망카는 스페인 르네상스의 절정을 볼 수 있는 건축물의 진열대라고 해도 과언이 아닌 곳이다. 마드리드에서 차로 두 시간 거리인 살라망카는 12세기 로마네스크양식의 대성당을 비롯해서 16세기에 건립된 고딕양식의 대성당과 로마시대의 다리와 극장 등 수많은 명승고적이 남아 있다. 13세기에 살라망카대학이 창립된 이래 학술

과 문화의 중심지로 번성했
다. 인구 15만 정도의 소도
시지만 스페인 내 최고 대
학인 살라망카대학이 있어
거리에 젊은이들이 많은 젊
음의 도시이기도 하다.

　18세기에 만들어진 살라

● **스페인 [Spain]** – 유럽 남서부, 이베리아반도
공식명칭 스페인왕국(Kingdom of Spain) **인구** 46,754,784 명
면적 504,782 km² **수도** 마드리드
정체·의회형태 입헌군주제, 양원제 **국가원수/정부수반** 국왕/총리
공식언어 카스티야 스페인어 **독립** 1492 **화폐단위** 유로(euro)
종교 로마가톨릭 94% **1인당 국민소득** $29,400, 48위

살라망카 근교의 깐데라리오 마을. 한적한 시골마을인데다, 돌길들이 운치를 더한다.

망카의 마요르광장은 스페인에서 가장 크고 웅장한 것 중의 하나로, 펠리페 5세가 왕위 계승 전쟁 때 자신을 도와준 이 도시에 감사의 뜻으로 건립한 것이다. 시계탑이 있는 바로크양식의 시청건물은 아케이드가 있는 건물과 카페들이 조화롭게 어우러져 있으며, 날씨가 좋은 날엔 광장의 카페테리아에서 차를 마시기도 좋고

알함브라궁전 내에 있는 나스르궁전 앞에 있는 아라야네스 중앙정원

특히 밤에 불빛이 비치는 광장이 너무나도 아름답다. 광장 사방으로 좁다란 길이 나 있고, 주요건물과 볼거리도 광장을 중심으로 퍼져 있다. 광장 동쪽으로는 호텔과 펜션들이 있고, 남쪽으로는 아름다운 살라망카 대성당이 있다. 광장 서쪽지역은 고풍스러운 건물과 대학생들이 많이 모이는 거리가 있고, 북쪽으로는 고급 쇼핑상가가 들어서 있다. 마요르광장을 출발점으로 삼아 주변지역을 한 바퀴 돌면 거의 대부분의 관광지를 둘러볼 수 있다.

스페인의 남부도시 그라나다는 가톨릭과 아랍의 두 문화가 살아 숨쉬는

232

알함브라궁전의 야경

곳이다. 서기 711년부터 이베리아반도를 지배하던 무어인들이 스페인에게 항복할 때까지 780여 년 동안 그라나다는 아랍문화의 중심이었다. 이를 대표하는 곳이 알함브라궁전. 알함브라는 '붉은 성'이라는 뜻으로 한밤에 성벽과 망루, 그리고 성안에서 비치는 횃불로 마치 성이 붉게 타는 것처럼 보여 붙여진 이름이다. 화려한 유럽의 왕궁들에 비해 은근한 매력을 가진 곳으로 이슬람 건축물 가운데 최고 걸작으로 꼽힌다.

알함브라는 크게 세 곳으로 나뉘는데 이슬람 유적들을 전시한 박물관과

233

알함브라궁전 주변을 감싸듯, 입구에서부터 사이프러스나무가 길게 뻗어있는 헤네랄리페정원

전망대로 쓰이고 있는 알카사바(성채), 본궁의 역할을 했던 카사레알, 그리고 그 주변을 감싸듯 단정히 정리되어 있는 헤네랄리페정원이다. 왕궁의 세밀한 건축기법도 놀랍지만 헤네랄리페정원의 아름다움은 감탄을 금치 못한다. 입구에서부터 사이프러스나무에 둘러싸인 통로가 길게 뻗어 있는 이 정원은 그라나다 성주가 14세기 초 여름별장으로 만들었으며, 왕이 손님을 초대해 파티를 벌이던 곳이다. 시에라네바다산맥의 눈 녹은 물을 끌어와 분수

를 만들고 정원으로 꾸며져 아름다움을 더하고 있다. 무어인이 머무를 당시
에는 지금보다 훨씬 더 화려했다고 하니 그 아름다움을 가히 상상하기 어렵
다. 알함브라궁전의 아름다움을 음악으로 표현한 것이 스페인의 전설적인
기타리스트 프란시스코 타레가Francisco Tarrega가 만든 '알함브라궁전의
추억'이라는 기타 연주곡이다. 짝사랑하는 여인의 거절로 실의에 빠진 타레
가가 달빛이 드리워진 이 궁전의 아름다움을 따라 자신의 사랑을 떠올리며

아빌라 성벽 마드리드에서 87Km 정도 떨어진 곳에 있다.

성곽을 도는 관광차가 있다.

지은 이 곡은 클래식 기타연
주곡의 표본으로 알려질 만
큼 유명한 곡이다.

 그라나다가 포함되어 있
는 안달루시아 지역의 또 다
른 명소는 세비야다. 카르멘
과 돈주앙의 고향, 로시니의
〈세비야의 이발사〉, 모차르
트의 〈피가로의 결혼〉의 무
대가 되는 곳이다. 세비야의

동쪽에 있어 오리엔테궁전(Palacio de Oriente)이라 불리는 마드리드왕궁. 원래는 화재로 소실되었던 것을 펠리페 5세의 명에 의해 화재를 예방할 수 있는 돌과 화강암으로 재건축되었다. 공주가 오는 날이라 비가 오지만 행사를 준비한다.

중심은 대성당이다. 런던의 세인트폴 대성당, 로마의 산 피에트로 대성당과 함께 세계 3대 사원으로 손꼽히는 이곳은 가톨릭 성전으로 분류되고 있지만, 본래는 이슬람왕조 아래에 있던 12세기에 이슬람 사원으로 축조되었다가 가톨릭성당으로 변

전몰자 계곡에 있는 십자가. 높이 152m, 폭 40m로 세계 최대 규모다. 이 십자가는 프랑코 총통이 내전승리를 기념하고 희생자를 기리기 위해 세웠다. 십자가 밑에서 학생들과 함께. 눈싸움에 휩쓸려 코끝이 빨갛다.

모했다. 모스크탑으로 지어진 히랄다의 탑 위에 성모마리아상이 있게 된 것도 이런 역사 때문이다.

대성당을 벗어나 스페인 광장으로 가면 스페인이 광장의 나라라는 것을 실감할 수 있다. 시청으로 쓰이고 있는 반원형의 붉은 색 건물과 아치형 다리 전면에는 타일벽화가 섬세하게 그려져 있고 그 화려한 색감이 시선을 빼앗는다. 건물 양끝으로 쌍둥이 탑이 서 있고 건물 맨 아래쪽으로는 광장을 바라볼 수 있게, 스페인 남부지방의 뜨거운 햇빛을 즐길 수 있는 공간이

마련되어 있다. 영화나 광고 촬영지로 자주 등장하는 곳이다.

　세비야는 인도북부에서 기원한 방랑민족 집시가 스페인 남부로 대거 이동해 조금씩 그 뿌리를 내렸던 곳으로 집시들의 한과 설움이 담긴 플라멩코가 발생한 곳이기도 하다. 안달루시아 지방은 세계적으로 유래가 없을 만큼 많은 이민족의 침입을 받은 탓에 늘 뒤섞인 문화의 현장이었고, 동시에 그 속에서 잡초처럼 질긴 자기들만의 문화를 이룩해냈다. 플라멩코의 음악과 춤은 권력과 구속을 싫어하고 매우 완고하지만 쉽게 감동하는 집시들의 삶의 방식을

표현하고 있다.

스페인은 수많은 유적과 역사를 가지고 있지만 가장 주목할 것은 국민들이다. 스페인의 프라도박물관을 비롯한 유명박물관 앞에 길게 늘어선 사람들은 관광객이 아니라 대부분 자국민들이다. 또한 곳곳의 넓은 광장에선 다

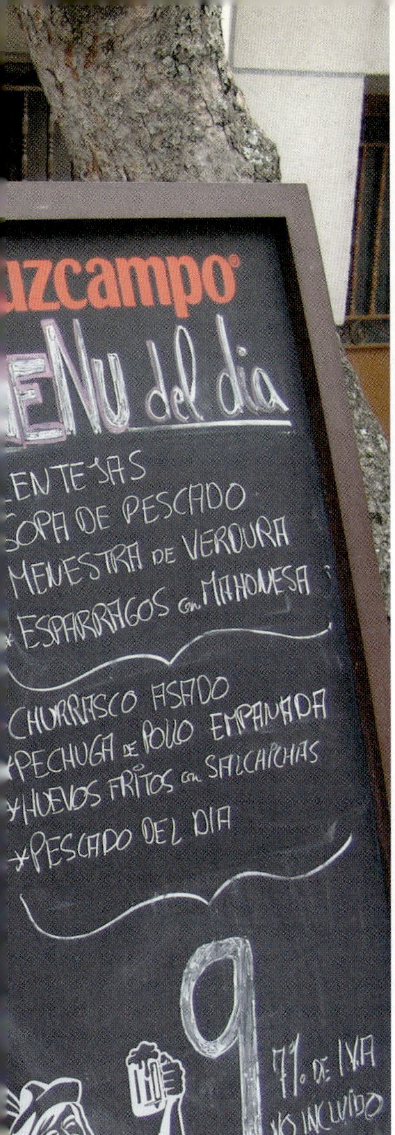

식당 앞의 양철조각이 이채롭다. casa candido 식당. 국왕과 훌리오 이글레시아스 등 유명인과 관광객이 다녀간 집이다. 3대에 걸친, 새끼돼지고기 요리로 유명한 집이다.

양한 문화예술의 향연을 즐길 수 있다. 거리에는 수많은 예술가와 공연자들이 자신의 예술을 마음껏 표현하고, 관광객이나 주민들은 자신의 취향에 맞는 공연을 어렵지 않게 즐길 수 있는 곳이 스페인이다. 수많은 예술가를 만들어낸 스페인의 저력이 바로 이런 것이다.

톨레도 도시의 전경. 마드리드 이전의 수도로 도시전체가 문화재로 지정되어 있다.

생명에 대한 인간의 화려한 예식, 투우(La corrida de toros)

정열의 나라 스페인의 정서를 대표하는 두 가지는 투우와 플라멩코다.

현재 많은 동물보호단체에서 비난하고 때때로 세계뉴스 시간에 등장해 투우사의 비극을 보여주는 투우는 동물학대에 관한 논란도 있지만, 실제 경험한 사람들에 의하면 아름답다고 느끼는 경우가 많다고 한다. 투우는 에스파냐에서 발달했으며 현재 이 나라의 국기國技다. 여러 가지 가설 중에 정확한 기원은 알려져 있지 않지만 17세기 말경까지는 전적으로 궁정의 오락거리로 귀족들 사이에 성행했고, 18세기초 부르봉 왕조시대에 이르러 현재와 같이 일반군중들 앞에서 구경거리로 행해졌다고 한다. 특히 1701년 루이 14세의 손자인 펠리페 5세의 왕위 즉위를 기념하여 행해졌던 투우가 현대의 기원이 되었다고도 한다. 투우는 영문으로 Bullfighting(황소싸움)이라고 한다.

에스파냐에서 투우는 단순한 볼거리 차원을 넘는다. 관광객이 몰리는 주요 상품이지만, 그들에게는 신문의 문화면에서 볼 수 있는 하나의 의식이자 문화다. 매년 3월이 되면 발렌시아의 불의 축제를 시작으로 10월초 사라고사의 삐랄축제 때까지 매 일요일마다 마드리드, 바르셀로나 등지에서 열린다. 경기는 아레나arena라고 부르는 투우장에서 열리는데, 석양이 질 무렵 시작한다. 그래서 계절마다 시작시각이 달라지며, 태양빛이 관중석에 어떻게 비추느냐에 따라 입장료도 달라진다.

이 투우는 철저히 예식에 의해 진행된다. 악단과 직업 투우사Torero인 주역 마타도르matador와 보조자들(작살을 꽂는 반데릴레로banderillero 2명, 말을 타고 창으로 찌르는 피카도르picador 2명, 보조자인 페네오peneo 여러 명 등)로 나뉘며 이들의 역할과 진행방식은 나라마다 좀 다르지만 같은 패턴을 반복한다는 점에서는 동일하다. 소의 경우는 들소 중에 힘세고 사나운 놈을 24시간 전에 미리 빛을 차단한 방에 가두어놓는다. 소가 등장하면 카포테capote라는 빨간 천을 이리저리 휘두르면서 소를 흥분시키고 피카도르가 등장해 창으로 공격한 후 반데릴레로가 등장해서 작살로 목과 등에 공격을 가한 다음 마지막으로 마타도르가 검과 물레타muleta라고 하는 막대기에 걸치듯이 감은 붉은 천을 들고 등장해 흥분이 극에 달한 소를 유인하고 몸을 비키면서 싸우기를 약 20분, 장내 흥분이 최고조에 이를 무렵 마타도르는 정면에서 돌진해오는 소를 목에서 심장을 향해 검을 찔러 죽이는 것으로 마무리한다.

포르투갈은 관객 앞에서 소를 죽이는 일을 금지했으며, 프랑스 남부지역과 스페인 북동부지역인 카탈루냐는 동물학대를 이유로 투우를 금지시켰다. 스페인과 포르투갈에서도 동물학대를 이유로 투우를 반대하는 사람들이 많지만, 전통을 지켜야 한다는 여론과 많은 관광객수는 그런 논란을 잠재운다.

타오르는 태양처럼 강렬한 춤, 플라멩코Flamenco

오늘날 전 세계인에게 사랑받는 플라멩코는 무엇보다 변화무쌍한 음계와 리듬의 변주, 그리고 함께 호흡하는 열정적인 기타와 거기에 더해지는 태양처럼 강렬한 춤사위로 보는 사람을 매혹시킨다. 그 기원을 따져보면 스페인 남부 안달루시아 지방의 역사와 숨결이 고스란히 담겨 있는 민속예술이라고 보는 견해가 일반적이다. 플라멩코를 구성하는 것은 전통민요와 춤, 플라멩코 기타반주에 의해 이루어진다.

플라멩코라는 어원에 대해 스페인과 전쟁을 한 네덜란드에서, 혹은 아라비아어나 그 밖에서 기원을 찾는 등 여러 설이 있으나 대략 불꽃을 뜻하는 플라마flama에서 유래되었다고 보는 것과 아라비아어인 농부felag와 도망자mengu를 뜻하는 단어의 결합어로 보기도 한다. 오랫동안 우리에게 알려진 플라멩고는 일본식 발음이다.

현대적인 플라멩코의 기원은 안달루시아 지방에서 찾는데, 스페인의 심장이라고도 불리는 이곳은 스페인 여러 지역 중에서도 특이하다. 이 지역은 지리적으로 살펴보면 유럽대륙의 서남단에 위치해 있으며 북쪽 경우에는 피레네산맥과 모레나산맥에 의해 이중으로 막혀 있어 유럽문명의 흐름을 받지 못하고 독자적인 문화가 발달할 수밖에 없는 틀을 갖춘 곳이다. 원주민인 이베로족 외에 오래전부터 유입된 페니키아, 그리스, 유대, 라틴, 아랍, 집시까지 모여들어 인종적 · 문화적 혼혈을 이룬다. 이런 다양한 문화적 요소를 두루 포함한 플라멩코는 대략 18세기경부터 형태가 갖춰지기 시작하여 19세기 후반경에 완성됐다고 추정하며, 집시들이 중추적 역할을 한 것으로 보인다. 스페인 외의 지역에서 플라멩코가 처음 공연된 것은 1890년 파리의 만국 박람회에서였다. 그라나다의 집시들에 의한 공연이었는데 이를 감동적으로 본 프랑스의 작곡가 끌로드 드뷔시(Claude Debussy 1862~1918)는 플라멩코의 선율과 느낌을 차용하여 〈이베리아〉를 비롯한 명곡을 낳았으며 러시아 음악의 아버지라 불리는 미하일 글린카(Mikhail Ivanovich Glinka 1804~1857), 니콜라이 림스키코르사코프(Nikolai Rimsky-Korsakov 1844~ 1908) 등도 이 선율을 빌려썼다.

플라멩코를 구성하는 요소 중 춤의 경우 근· 현대를 거치면서 대중들에게 소외받았다. 하지만 집시들이 이를 계승 발전시킴으로써 다분히 집시적인 동작과 스타일이 가미되었다고 한다. 이 춤사위가 매력적인 것은 날것 그대로의 소리에 리듬을 맡긴다는 것이다. 손뼉치는 소리, 구두굽 소리, 손가락 튕기는 소리에 관객들의 추임새도 빼놓을 수 없다. '추지 않고는 못 배기는 마음이 있어야 한다'는 집시들의 말처럼 누구에게 보여주기보다는 스스로 우러나오는 몸짓인 것이다. 이러한 플라멩코 춤은 전 세계 민속무용 중에 가장 전문적인 기교를 필요로 한다.

플라멩코의 기타에는 악보가 없다. 그들의 복잡한 리듬과 음계를 현대악보로 표현하기 힘들기 때문이라는데, 우리의 국악악보의 현실도 80년대 후반까지는 마찬가지였다. 그래서 그들은 암보로 전승하며 연주한다. 오늘날 플라멩코가 전 세계 대중들의 관심을 받을 수 있었던 것은 다분히 기타에 의한 것이라고 봐도 무방하다. 이미 독주악기로 자리잡았고, 다양한 연주와 크로스오버Crossover(서로 다른 장르간의 결합 혹은 시도)적인 작품들이 선보이고 있다. 현대 플라멩코 기타연주 기법을 확립했다고 하는 라몬 몬토야(Ramon Montoya 1880~1949)에 의해 1938년 파리에서 처음 연주된 이래 독주악기 혹은 협연악기로의 작품을 선보였으며 이후 니뇨 리카르도Nino Ricardo, 까를로스 몬토야Carlos Montoya, 빠코 데 루치아Paco de Lucia 등의 활발한 연주활동으로 인해 전 세계적인 연주음악이 되었다. 최근에는 아르믹Armik이라는 독보적인 기타리스트의 활동이 두드러진다.

톨레도 도시의 전경. 마드리드 이전의 수도로 도시전체가
문화재로 지정되어 있다.

246

스페인 전몰자의 계곡에서

세상에서 가장 높은 십자가 위에
소복이 눈이 쌓였다.

매서운 칼바람
코끝이 시리다.

단체견학 온 젊은 학생들은
춥지도 않은지
키득키득 툭탁툭탁 대더니
눈싸움을 시작한다.

젊은이들의 한바탕 소란을
흐뭇하게 바라보다
괜한 치기에 눈싸움에 휩쓸려버렸다.

늙은이 대 젊은이
동양인 대 서양인
일 대 다수
특이한 대결은 승자도 패자도 없이
유쾌한 추억만 남긴 채 끝이 났다.

제 4 장
아메리카

엘살바도르
에콰도르
쿠바
멕시코

엘살바도르 태평양의 등대 '산타아나산' 산살바도르의 센트럴시장

순간의 즐거움이 인생 최고의 낙 – 엘살바도르

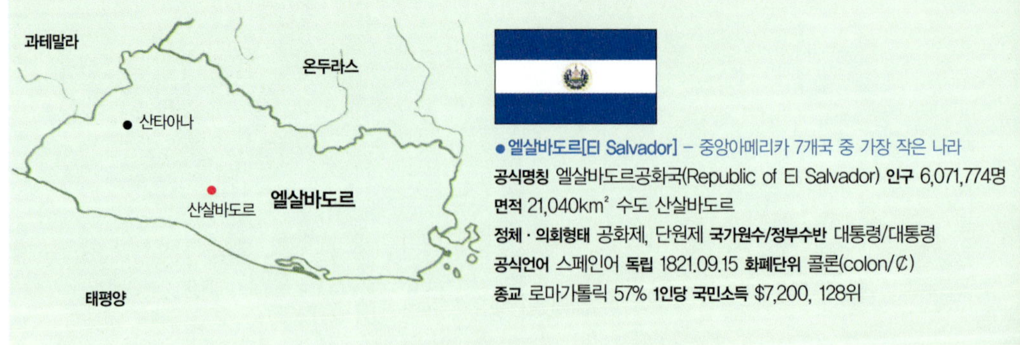

연기가 피어오르는 모습이 보이는 화산. 엘살바도르는 국토면적의 1/4이 화산인 국가이다.

● 엘살바도르[El Salvador] – 중앙아메리카 7개국 중 가장 작은 나라

공식명칭 엘살바도르공화국(Republic of El Salvador) **인구** 6,071,774명

면적 21,040km² **수도** 산살바도르

정체 · 의회형태 공화제, 단원제 **국가원수/정부수반** 대통령/대통령

공식언어 스페인어 **독립** 1821.09.15 **화폐단위** 콜론(colon/₡)

종교 로마가톨릭 57% **1인당 국민소득** $7,200, 128위

태평양 위에 또 한 겹의 하얀 솜으로 이루어진 바다가 있다. 비행기 안에서 바라본 태평양의 모습이다. 그 솜겹 구름을 뚫고 내리쬐는 햇빛은 더욱 강렬하다. 중앙아메리카의 작은 나라 엘살바도르로 가는 바다는 그렇게 더욱 파랗게, 물감으로는 도저히 표현 못할 아름다움을 보여주고 있었다.

샌프란시스코를 경유하여 31시간 만에 도착한 엘살바도르. 가장 먼저 눈에 띈 건 가슴이 확 트이는 시원한 해안 풍경이었다. 해안선 위로 화산에 구름이 걸린 모습은 마치 한 폭의 그림을 방불케 했다. 화산이 국토의 4분의 1을 차지하는 엘살바도르는 인구 7백여 만 명, 면적은 경상북도보다 조금 크다. 전 국토를 1~2시간이면 다 돌 수 있다. 엘살바도르란 '구세주'란 뜻이다. 12년 내전 끝에 7만 명의 희생자를 내고 1992년 협정을 맺으면서 평화를 되찾았다.

커피농장을 방문했다. 커피가 만들어지기 전 커피나무 열매는 빨갛고 예쁘지만, 인분과 닭똥이 합쳐진 냄새가 난다. 향긋한 커피를 마시는 분들은 이 냄새를 상상도 못하시리라.

엘살바도르엔 푸른 논밭이 대부분이다. 주민의 80~90퍼센트가 농사를 짓는다. 주농산물은 사탕수수, 커피, 열대과일 등. 특히 수도 산살바도르의 커피가 유명하다. 엘살바도르에서 가장 높은 곳은 산타아나산. 해발 2,250미터로 정상 가까이 올라갈수록 화산 기운이 산을 감싸며 길이 아주 험한데다 바람마저 심해 몸을 가누기 힘들 정도다. 산타아나산은 활화산으로 왕성한 화산활동 탓에 한때는 '태평양의 등대'라 불리기도 했다. 산살바도르의 커피맛이 좋은 이유는 바로 이 화산지대에서 생산되기 때문이다.

산살바도르에선 센트럴시장이 유명하다. 좁다란 도로를 끼고 시장이 형

성되어 있는데도 구석구석 버스가 다
니는 품이 예사롭지 않다. 생활용품이
나 공예품, 산지직송 과일을 파는 재래
시장이다. 이곳에선 코코넛 물을 비닐
봉투에 넣어 파는데 갈증날 때 마시는
맛이 일품이다. 신선한 과일을 현지에
서 바로 팔기에 그렇게 달고 맛있을 수
가 없다. 특이한 건 시장 곳곳에 무장
경찰들이 경호를 서고 있다는 점. 엘살

재래시장을 방문했다. 시장마다 익숙한 모습. 사람 사는 곳은 어디나 같다.

수치또또의 산타루치아성당. 성당 맨 위 오른쪽에 커다란 종이, 중심에는 큰 시계가 있고 그 위에 하얀 십자가가 달려 있다. 성당 앞쪽으로 차가 주차되어 있고 검은 옷차림의 사람들이 눈에 띄었다. 차 위로 꽃도 보이기에 가까이 가보니 상여차였다. 유가족들에게 양해를 구하고 촬영했다. 관 속에 수염이 난 마른 얼굴의 70세쯤 되어 보이는 아저씨가 누워 있었다. 유가족인 아가씨 말로는 돌아가신 자신의 아버지가 술을 사랑해 매일 마셨다고 하니 말하자면 알코올중독자였던 셈이다. 비디오에 담긴 분의 명복을 빌면서 나도 머리를 숙였다.

바도르는 1980년 이후 12년간 내전을 치렀다. 그래서 내전 종식 후 사람들이 많이 모이는 곳엔 늘 경찰을 배치해 치안을 최우선으로 하고 있다. 내가 후미진 곳으로 들어가려 하자 아직 외국인에게는 위험하다고 해서, 결국 야외시장으로 다시 나와야만 했다.

동유럽 어느 국가와 마찬가지로 엘살바도르에서도 음악회나 공연장에서 보는 공연보단 거리연주단이 눈에 더 많이 띈다. 흥겨운 라틴음악을 연주하고 있는 모습이 절로 흥을 돋운다. 이들은 '마리아치'라 불리는 거리악단인데, 보통 3~12명으로 소규모다. 이들을 보고 있노라면 생활 속에서 음악이 묻어나는 엘살바도르 국민들의 민족성이 느껴진다. 우리에게 익숙한 '베사메무쵸'는 길 가다가도 쉽게 들을 수 있다. 워낙 귀에 익은 터라 낯선 길이라도 이 노래를 들으면 반가운 마음을 금할 길이 없다. '트리오 로스칸페로스'라는 악단과는 같이 노래를 부르기도 했다. 이 악단의 평균나이는 65세. 63세인 막내 기타리스트가 기타를 배운 지 15년 됐고, 다른 단원들은 거의 50년씩 기타를 쳤다고 한다.

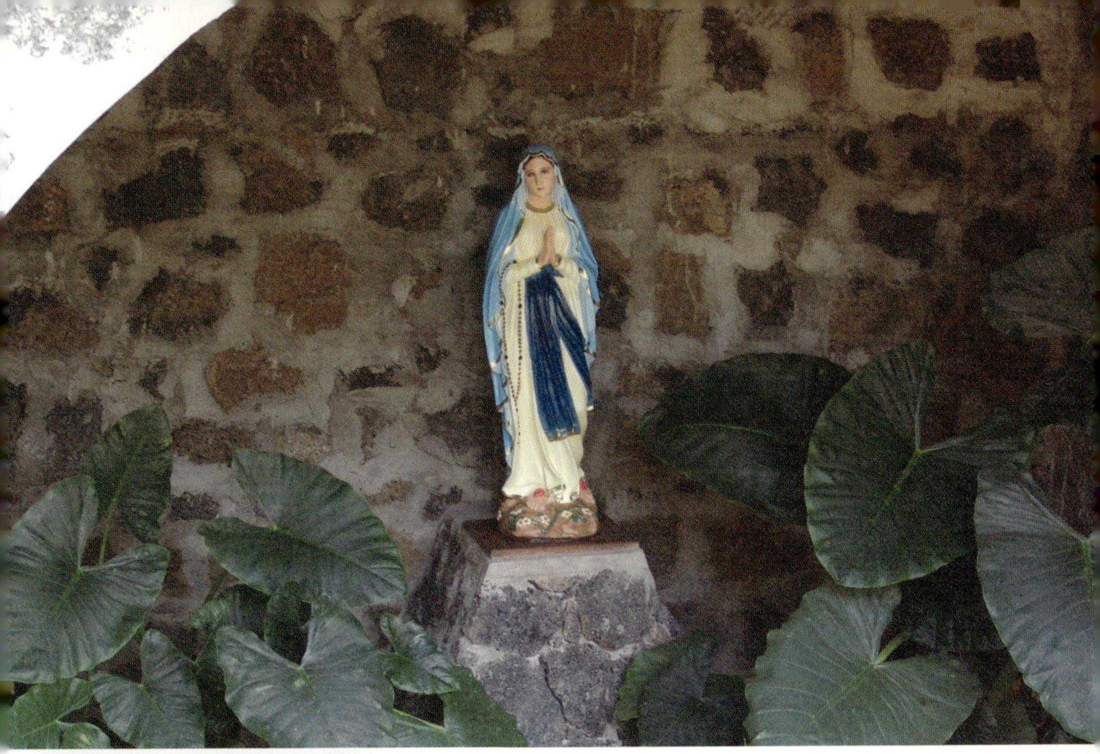

◀ 천주교가 대부분인 엘살바도르에서는 성모 마리아상이 자주 눈에 띈다. 일로바스코Ilobasco에는 손으로 만든 인형들이 즐비했다.

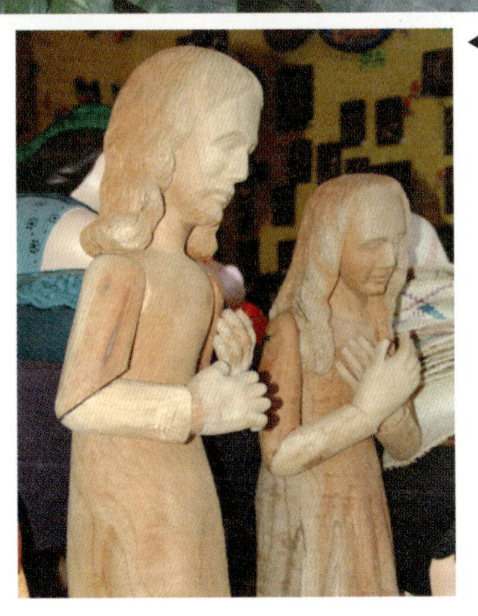

산살바도르 근처에는 1951년 한 유지가 만든 산타루치아Santa Lucia라는 세계적으로 유명한 현대식 성당이 있다. 성당 맨 위 오른쪽에 커다란 종이 있고 중심에는 큰 시계가, 그 위로는 하얀 십자가가 달려 있다. 국민의 83퍼센트가 로마가톨릭을 믿는 국가답게 신도들의 발길이 끊이지 않았다. 보기엔 여느 성당과 다를 바 없었지만, 십자가에 못 박힌 그리스도가 흑인이란 점에서 특이했다. 스페인 식민지로 있는 동안 억눌린 약소민족의 설움과 반감을 '흑인 그리스도'라는 새로운 아이디어로 창출한 것 같았다. 성당 앞 큰 공원입구에 삼삼오오 사람들이 모여 있다. 아마도 더

수치또또의 거리 수치또또의 촌장이 하는 커피집에 들렀다 35세인 촌장의 이름은 라폴레옹 산체스Rapoleon Sanchez라고 한다. 머리가 길어 풀어헤치면 엉덩이에까지 와닿았다.

위를 식히러 나온 동네사람들인 듯했다. 하지만 성당 앞쪽으로 차가 주차되어 있고 검은 옷차림의 사람들이 떼지어 있는 게 아닌가. 혹시나 하는 생각에 다가가보니 짐작이 맞았다. 영구차였다.

이곳의 장례풍습은 어떨까. 염치불구하고 유가족들에게 양해를 구한 뒤 얼른 영구차에 올라탔다. '관은 또 어떨까, 우리와는 뭐가 다를까.' 호기심은 끝도 없이 이어졌다. 관 앞쪽 문을 열고 고인의 얼굴이 훤히 들여다보이는 유리문도 열었다. 드문드문 수염이 난 깡마른 얼굴의 70세쯤 되어 보이는 할아버지가 눈에 들어왔다. 유가족에게 감사하다며 연신 머리를 숙였다. 한국 같으면 어림도 없을 사진촬영을 허락한 가족들은, 호기심 많은 동양인이 싫지는 않은 듯 계속 나를 쳐다보며 미소지었다. 잠시 전까지만 해도 소리내어 통곡했을 터인데 말이다.

상주인 마리아는 돌아가신 자신의 아버지가 술을 좋아해 매일 마셨다고 말했다. 시쳇말로 '알코올중독자'인 셈이었다. 곧이어 묘지로 향하는 그들

258

매년 이 마을에선 제일 예쁜 아가씨를 뽑아 말에 태워 시내행진
을 벌이는데 오늘이 그날이란다. 잠시 행진장면을 구경했다.
미인 아가씨의 뽀뽀. 엘살바도르에서는 우리의 목례나 악수같은
인사가 볼에 뽀뽀하는 것이라고.

에게 머쓱해하며 작별인사를 했다. "부디 천당이든 극락이든……." 나도 고
인의 명복을 빌며 머리를 숙였다.

전체적으로 엘살바도르는 축제가 많다. 동네 곳곳에서 성대한 잔치가 벌
어진다. 참가자들은 화려하게 꾸민 우마차와 꽃으로 장식한 말들을 타고 1
시간가량 행진을 한다. 흥겨운 음악을 배경으로 경쾌하게 움직이는 우마차
는 흡사 유랑극단을 연상케 했다. 이날의 잔치는 미인대회. 사회자는 분장
을 한 광대였다. 아름다운 미인들을 보기 위해 사람들이 사다리를 타고 올
라가거나 담벼락 위에 서기도 했다. 국가적으로 미인대회에 관심이 많은,
정열의 나라답게 뜨거운 열기가 느껴졌다. 지난해엔 17세의 고교 2년생이

전체적으로 엘살바도르는 축제가 많다. 행진과 함께 벌어지는 축제. 다양한 분장을 한 사람들이 함께 행진한다.

우승했다는데 이런 미인대회가 마을마다 열리며 출전자는 주로 10대란다. 우리로 치면 '미스코리아' 대회의 지역예선 격이었다. 이 대회 우승자는 전 국단위의 '미스 엘살바도르 대회'에 출전할 기회를 갖는다고 했다.

잠시 후, 산살바도르광장에선 '뿌뿌사' 먹기대회라는 이색대회가 열렸다. 시간제한 없이 뿌뿌사를 가장 많이 먹는 사람에게 상금 10달러와 티셔츠를 선물로 주었다. 뿌뿌사는 엘살바도르의 주식인 옥수수나 밀가루로 만든 빵 으로, 호떡처럼 둥글납작한 빵 속에 샐러드나 여러 가지 음식들을 넣는데 값도 아주 저렴했다.

중앙아메리카에선 크리스마스와 연말이면 불꽃축제가 이어진다. 새벽 1~2시까지 계속 폭죽을 쏘아대 차량정체가 극심해지지만 사람들은 전혀

동유럽 어느 국가와 마찬가지로 엘살바도르에서도 음악회나 공연장에서 보는 공연보단 거리연주단이 눈에 더 많이 띈다. 흥겨운 라틴음악을 연주하고 있는 모습이 절로 흥을 돋운다. '트리오 로스칸페로스'라는 악단과는 같이 노래를 부르기도 했다. 악단의 평균나이는 65세. 63세인 막내 기타리스트가 기타를 배운 지 15년 됐고, 다른 단원들은 거의 50년씩 기타를 쳤다고 했다. 마을사람들 모두 모여 축제와 음악, 투우를 즐기는 모습이다. 마지막은 미인대회에서 우승한 아가씨와 함께!

아랑곳하지 않았다. 경적을 울려대는 사람도 하나 없다. 누구 하나 빠짐없이 축제를 즐기기 때문. 이곳 사람들은 넉넉지 않은 주머니 사정에도 불구하고 1년간 모은 돈을 전부 폭죽 사는 데 쓴다고 해도 과언이 아니다. 농작물이 쉽게 자라는 열대성기후 덕인지 즐거움을 인생 최대의 낙으로 삼고 있었다.

"노세, 노세, 젊어서 노세"라는 노랫말까지 붙여가며 가난을 향유하던 우리의 과거에 비추어보니, 한때만 좋으면 된다는 생각이 일견 어리석어 보이기도 했지만 순간적이나마 노동 뒤에 오는 행복, 즉 여유를 만끽하고 있다

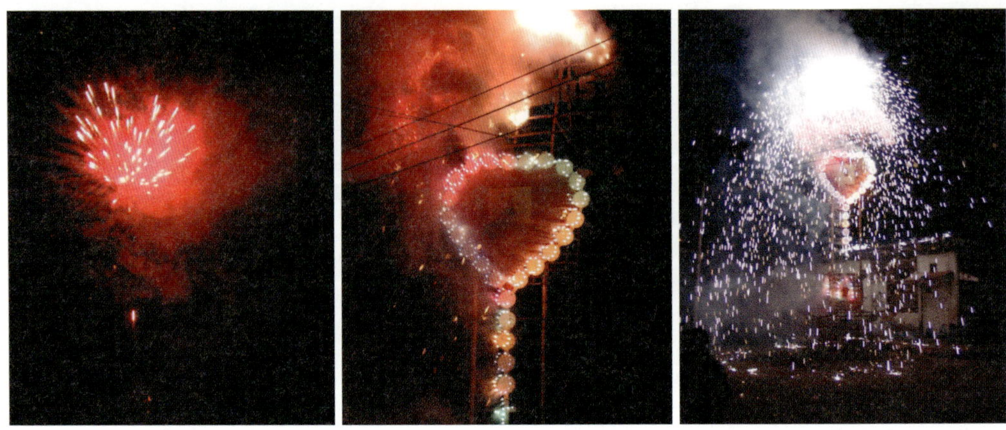

중미에서는 연말이면 불꽃축제가 이어진다. 새벽 1~2시까지 폭죽을 쏘고 그때문에 정체가 극심해지지만 사람들은 전혀 아랑곳하지 않았다.

는 점에서 이들이 더욱 인간적으로 느껴지기도 했다. 사람 사는 냄새를 풍기는 곳, 가는 곳마다 음식과 축제가 넘치고 만나는 이들마다 담백하고 활달한 역동성을 품고 있기에 엘살바도르가 더없이 좋은 여행지가 될 수 있으리라 믿어 의심치 않는다.

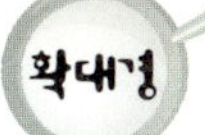

● 오스카 로메로(Oscar Arnulfo Romero 1917~1980) 대주교

"만일 그들이 나를 죽이면, 나는 다시 엘살바도르 민중 속에서 솟아오를 것이다"

우리가 쉽게 접하는 나라는 아니지만 엘살바도르의 정치적 상황은 꽤나 복잡하다.

엘살바도르의 오스카 로메로 대주교는 경우가 좀 다르지만, 쿠바의 체 게바라(Che Guevara 1928~1967)나 칠레의 살바도르 아옌데(Salvador Allende G. 1908~1973) 전 대통령과 같은 대우를 받는 엘살바도르의 순교자다. 1917년 8월 15일, 엘살바도르의 산미겔 지역에서 태어난 로메로는 1942년 로마에서 사제서품을 받고 돌아와 산미겔 교구 주교비서, 엘살바도르 주교회의 사무국장, 산살바도르의 보좌주교, 교구에서 발행하는 〈오리엔타시온〉 편집장, 신학대학 학장 등의 요직을 두루 거치고, 우술루탄 산티아고 데 마리아 교구의 교구장에 이어 1977년에 산살바도르 대교구의 대주교로 임명되었다. 그는 제2차 바티칸공의회의 개혁적 사목방침을 염려한 전통주의자였으며, 1968년 열린 메데인 주교회의의 '민중의 교회로 가자'는 구호에 반대하고, 해방신학을 '증오에 가득찬 그리스도론'이라며 폄하했던 인물이었다.

엘살바도르는 풍부한 자원과 토지 등으로 풍요로운 국가였으나 1931년 군부 쿠데타로 인해 소수가 권력을 독점한다. 이듬해 좌파지도자 파라분도 마르티Farabundo Marti가 이끄는 대대적인 민중봉기가 일어나지만 무려 3만이라는 희생자를 낳으며 실패로 돌아가고 다시 극우세력의 독재가 계속되며 민중들의 고달픔은 철저히 외면당해왔다. 대지주 14가문이 전체 경작지의 60% 이상을 소유하고 권력기관을 움직이는 그야말로 소수가 지배하는 나라였다. 그래서 당시의 착좌식(着座式 : 성직자가 정식으로 직무에 취임하는 의식)을 바라보면서 군부와 부유한 지주들은 이제 평화가 도래했다고 오히려 반겼다.

그러나 착좌식이 있은 지 3주 만에 결정적인 사건이 발생했다. 다분히 현실 참여적이던 오랜 친구인 예수회의 루틸리오 그란데Rutilio Grande 신부가 아길라레스 성당에 미사를 봉헌하러 가다가 암살단에 의해 피살된 것. 이에 추모미사를 집전하며 훗날 로메로는 당시를 이렇게 회고했다. "만약 그란데 신부가 하려는 것 때문에 누군가가 그를 죽였다면 나 역시 같은 길을 가겠다." 그리고 미사에 참석한 수많은 농부들의 침묵 속에서 친구가 하려는 것을 알아본 로메로는 이후 모든 교구민을 초대하여 탄압 위기에 놓인 모든 사제들을 도와주겠다며 이렇게 공표했다. "이 사제 가운데 한 명이라도 건드리는 것은 곧, 나를 건드리는 것입니다." 모든 가톨릭학교는 3일 동안 휴교했고, 로메로는 정부의 면담요청을 거절했으며, 어떤 공식 행사에도 참여하지 않았다. 그는 전국에 방송되는 라디오를 통해 매 주일마다 고문, 살해, 납치, 투옥 등 위협당하는 이들과 서민들을 위해 강론했다. 1979년 영국에 이 사실이 알려지자 의원들의 발의로 노벨평화상 후보에 오르기도 했다.

1980년 3월 24일 말기 암환자들을 위한 프로비덴시아병원 성당에서 미사를 집전하다 극우 군부세력이 사주한 괴한에 의해 암살되었다. 공식적으로 발발된 엘살바도르 내전(1980~1992 희생자 75,000여 명) 직후의 일이었다. 자기비판적이고 금욕적인 사제가 혼란과 갈등에 휩싸인 엘살바도르 민중 속으로 녹아들어가 죽기까지 헌신했던 기간은 단 3년이었다. '목소리 없는 자의 목소리'였던 그는 죽이겠다는 위협을 받을 때마다 이렇게 말했다. "만일 그들이 나를 죽이면, 나는 다시 엘살바도르 민중 속에서 솟아오를 것이다." 살해당하기 바로 전날인 3월 23일 미사에서 로메로는 군인들에게 형제자매를 죽이지 말라며 이렇게 강론했다. "형제들이여, 그대들도 우리와 같은 민중입니다. 그대들은 그대들 형제를 죽이고 있습니다. 누군가를 죽이라는 그 어떤 인간의 명령도 하느님의 뜻에 따라야 합니다. 하느님은 이렇게 말합니다. '살인하지 말라', 그 어떤 병사도 하느님의 뜻에 반하는 명령을 따를 의무는 없습니다. 그 어느 누구도 부도덕한 법률을 따라서는 안 됩니다. 죄악에 찬 명령보다 여러분의 양심에 따라야 할 순간입니다. 교회는 이러한 죄악 앞에서 침묵을 지킬 수 없습니다. 하느님의 이름으로, 하늘에까지 닿는 울부짖음이 매일매일 커져만 가는 고통받는 이들의 이름으로, 저는 여러분께 부탁하고 간청합니다. 그리고 명령합니다. 탄압을 멈추십시오."

그리고 지난 2010년 서거 30주기에 종전이후 처음 좌파출신으로 선출된 마우리시오 푸네스 대통령이 산살바노르공항에서 열린 로메로 대주교 벽화개막식에서 "오늘 본인은 엘살바도르 국가의 이름으로 30년 전의 암살사건을 사과합니다. 로메로 대주교의 가족에게 용서를 빌며 최대의 애도를 표합니다. 진실을 밝히기 위해 모든 힘을 쏟겠습니다"라며 공식적인 사죄를 헸다. 이어 "지난 암흑기 수만명의 시민에게 테러를 가한 죽음의 세력이 30년 전 이날 로메로 대주교를 희생시켰으며, 그들은 유감스럽게도 정부관료들의 보호와 협조 아래 행동했다"고 고백했다.

명배우 라울 줄리아Raul Julia 주연으로 1989년 존 듀이건John Duigan 감독에 의해 영화화되었다.

키토예술학교 학생들의 연습하는 도

키토의 밤길 '위험한 녀석'들과 담판 – 에콰도르

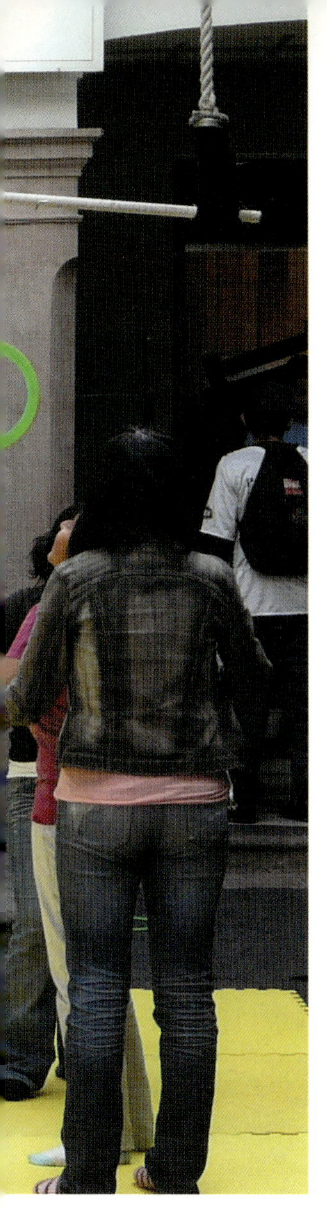

'정열적이고 거친 나라, 에콰도르!'

페루 리마공항에서 3시간이 안 걸려 도착한 에콰도르의 키토공항은 밤 10시가 넘었는데도 마중 나온 사람들로 분주하다. 한국의 공항에 비하면 초라하지만 아담하고 깔끔하다. 서둘러 숙소를 정하고 들뜬 마음에 혼자 시내로 나가려 하니 이 늦은 밤에 혼자 나가는 건 위험하다며 숙소관리인이 만류한다.

자정이 가까운 시간. 정열적인 남미사람들의 기질 탓인지, 술에 취해 서로 부딪치고 시비가 붙었나 와자지껄 떠드는 소리도 들리고 경찰들도 오락가락한다. 관광객이 혼자 다니기엔 위험하고 소매치기도 많다는 이야기를 오래전 남미에 왔을 때도 들었고, 여행제한지역으로 지정되어 있는 국가인지라 나름 걱정되는 점도 없진 않았다. 하지만 경찰들이 눈에 자주 띄는 걸 보니 크게 걱정하지 않아도 될 것 같았다.

원래 위험한 곳이라 외국인들에게 조심해야 한다고 강조하는 곳이 오히려 사람들은 더 따뜻하고 좋

● 에콰도르 [Ecuador] – 남아메리카 대륙

공식명칭 에콰도르공화국(Republic of Ecuador) **인구** 15,007,343명
면적 283,560km² **수도** 키토 **정체·의회형태** 중앙집권공화제, 다당제, 단원제
국가원수/정부수반 대통령/대통령
공식언어 스페인어 **독립** 1822.05.24 **화폐단위** 미국달러(U. S, dollar/U.S.$)
종교 로마가톨릭 95% **1인당 국민소득** $7,800, 124위

키토는 스페인 식민지였던 여느 남미의 국가처럼
유럽의 도시 이미지를 가졌다.

다는 것을 경험으로 알고 있었기에 혼자 밤에 다니는 데 두려움은 없었다.
가족끼리 늦은 저녁을 먹는 사람들, 술 마시며 요란하게 떠드는 사람들, 늦
은 밤까지 분주하게 생계를 이어가는 사람들. 키토의 밤은 여느 도시의 밤거
리와 크게 다르지 않았다.

위험한 녀석들을 만나다

혼자서 신나게 키토 시내를 구경하고 숙소로 돌아가기 위해 택시를 잡을
까 하다 가까운 거리니 그냥 걸어가자 하고 발걸음을 옮기던 순간이었다.

혼자 다닐 땐 되도록 큰길로 가라는 말을 들은 터라 널찍한 길로 막 나서려는데 양옆으로 흑인 두 명이 따라붙더니 뒤쪽에도 한 명이 붙었다. 고개를 돌리자마자 왼쪽에 있는 덩치 큰 녀석이 "Amigo(친구)"라며 내 목에 팔을 둘러 어깨동무를 했다. 코끝으로 알코올 냄새가 확 풍겼다.

'아뿔사! 이녀석들 위험하구나!' 조금 전 식당 앞에서 건들거리며 서 있던 녀석들인데 나를 힐끗 쳐다보는 모습이 심상치 않아 보였었다. 한 녀석은 가던 길을 막아서고 또 한 녀석은 망을 보듯 두리번거리는 것이 여차하면 흉기라도 꺼내들 모양새다. 순간 많은 생각들이 오갔다.

인디헤나 여인과 함께 포즈를 취한 필자

거리에는 행상을 나온
원주민들이 눈에 띈다.

'예전 남아프리카공화국에서처럼 태권도로 겁을 줘서 쫓을까', '냅다 도망을 칠까', '소리를 질러볼까.' 덩치가 산만한 흑인이 어깨를 잡고 있어서 어느 것도 좋은 방법 같지가 않았다. 나를 잡고 있는 녀석의 눈빛은 시커먼 어둠속에서 무섭게 희번덕거렸다. 마침 숙소에 배낭과 귀중품은 두고 온 터라 사진을 찍던 캠코더만 내주자는 생각에 목줄을 풀고 캠코더를 내밀며 말했다

"Amigo, 내가 숙소에 짐을 다 두고와서 지금 가지고 있는 건 이것밖에 없다. 이 캠코더를 줄 테니 그냥 나를 보내줘라."

내가 순순히 물건을 내놓으니 녀석들도 더는 욕심이 없는지 너털웃음을 치며 냉큼 받아들곤 돌아서 가버렸다. 긴장이 풀리며 힘이 쭉 빠졌다. 숙소로 터벅터벅 돌아오며 생각해보니 몸 하나 다치지 않고 이만한 게 다행이다 싶었다.

숙소로 돌아오자마자 짧은 영어로 사정얘기를 하며 캠코더를 찾아보려 했지만, 관리인은 어쩔 수 없다는 듯 그냥 흘려듣고는 그러기에 혼자 다니지 말라고 했지 않느냐며 나를 타박했다. 캠코더는 그렇다 치고 거기 저장된 영상들은 꼭 찾고 싶었다. 페루를 거쳐 에콰도르로 입국하는 여정이 담겨 있어 내게는 소중한 자료였다.

아무 연고도 없는 이곳 남미 에콰도르에서 영어도 못하는 떠돌이가 어떻게 손을 써볼 방법이 없다. 놈들에게 둘러싸여 있을 때는 몰랐는데 숙소로 돌아와 정신을 차리고 보니 입고 다니던 여행조끼의 옆구리가 길게 찢어져 있다. 아마도 옆에서 어깨동무를 했던 놈이 칼로 그었나보다. 순순히 캠코더를 내주었기에 망정이지 욕심을 부려 저항이라도 했다면 더 큰 불상사가

생겼으리라. 최악의 상황까지 생각하니 등골이 오싹해진다.

에콰도르로 입국하는 데 도움을 준 최 사장이라는 분에게 늦은 밤이지만 전화를 했다. 이곳에서 사업을 하시는 분이라 현지사정도 밝을 테니 무슨 방법이 있지 않을까 싶었다. 몇 번의 시도 끝에 어렵사리 통화는 연결되었으나 지금은 업무상 술자리에 있으니 내일 아침 일찍 호텔로 오겠다고 하여 8시에 만나기로 약속했다. 이렇게 에콰도르에서의 첫날밤을 보냈다.

다음날 아침. 어느 도시나 그렇듯 하루를 시작하는 사람들의 발걸음이 분주하다. 지난밤 강도사건이 있고 나서 너무 놀란 탓인지 밤새 잠을 못 이뤄 몸은 천근만근이다.

키토 구시가지의 중심인 독립광장. 라틴아메리카에선 처음으로 스페인에서 독립한 것을 기념하기 위해 세워진 공원으로 중앙에 있는 것이 독립영웅들을 기리기 위해 세운 독립기념비다.

간단히 아침식사를 하고 체크아웃 준비까지 끝낸 뒤 한참을 기다려도 최 사장은 오지 않았고, 오전 10시가 지나도록 전화 한 통 없었다. 잠깐 밖으로 나가고 싶어도 그새 오려나 해서 움직이지도 못했다. 답답한 마음에 전화를 걸어보니 몇 번 만에 부인이 받아 최 사장이 지금은 교회에 있을 거란다. 캠코더가 없어 사진도 못 찍으니 혼자 다니기도 그렇고, 목마른 놈이 우물 판다고 마냥 기다릴 수 없어 교회로 직접 찾아가기로 했다.

택시를 타고 물어물어 찾아간 한인교회에는 예배가 한창이었다. 까치발을 들고 최 사장을 찾아보았으나 도통 보이지를 않는다. 예배가 끝나고 나서 목사님께 사정얘기를 하면서 차 한 잔 얻어 마시고 있는데, 옆에서 내 얘

교회집회 광경

기를 들고 있던 한 분이 선뜻 도와주겠다고 나섰다. 에콰도르에서 크게 사업을 한다는 김경인 사장님으로 훤칠한 키에 잘생기고 편안한 인상을 주는 분이다.

"마침 집사람도 한국에 들어가고 아무도 없으니 저희집에서 지내시죠."

인생사 새옹지마라 했던가? 강도를 만난 어려운 상황에서 도움을 주기로 약속했던 최 사장이 나타나지 않아 낙담을 하고 있던 차에 또 다른 귀인을 만나게 되니. 이후 김 사장님은 중남미일대를 여행하는 모든 일정에 도움을 주는 이번 여행 최고의 은인이 됐다.

일단 김 사장님의 차를 타고 사건신고를 하기 위해 경찰서로 찾아갔다. 거리에는 훤칠한 말을 타고 순찰하는 경찰들이 많이 보인다.

"아마 신고를 하셔도 캠코더를 찾기는 어려울 겁니다. 워낙 이런 사건이 빈번한데다 경찰들도 그렇게 적극적이진 않거든요." "도로에 저렇게 경찰들이 많은데 사건이 왜 그리 많은 겁니까?" "사건, 사고가 많으니 길에 경찰들이 많죠. 오히려 경찰이 많이 안 보이는 데가 치안상 안전한 곳이 많습니다."

김 사장님의 말을 듣고 나자 그제야 아차 싶었다. 시내에 경찰이 많은 걸 보고 안전하다고 생각했던 것 자체가 착오였다. 그 많은 곳을 여행했던 내가 이런 점도 파악을 못했다니, 한심한 생각이 들었다.

경찰서에 가서 어렵게 사건신고를 하고, 일단 캠코더를 구입하기 위해 매

힘든 걸음을 옮기는 할머니의 인형은 누구에게 주려는 것인지…

지친 듯 앉아 있는 인디헤나와 라마의 표정에 삶의 고단함이 담겨 있다.

장을 찾아갔다. 에콰도르가 경제적으로 넉넉한 국가가 아니다보니 제대로 된 캠코더를 구하기가 어렵다. 강도에게 빼앗긴 제품은 HD녹화가 가능했는데, 그 비슷한 모델은 구경도 할 수 없다. 개중에 제일 나아 보이는 것으로 하나 구입했다.

한 시간이나 지났을까. 김 사장님과 거리 곳곳을 다니며 촬영을 하다보니 캠코더가 말썽이다. 구입할 땐 멀쩡하더니 얼마 되지도 않아 작동이 안 된다. 다시 구입처로 가져가 교환을 요구하자 직원의 말이 가관이다. 구입해 갈 땐 멀쩡했으니 사용한 나의 책임이라 교환이 안 된단다. 판매처가 후진국이지만 제품은 알아주는 글로벌기업이니 직원교육도 되어 있으련만 우리

전통복장을 입고 고유언어인 케추아어로 이야기하는 원주민을 쉽게 볼 수 있다.

의 설명은 들으려고도 하지 않는다. 무조건 우리 책임이니 절대 교환해줄 수 없다는 것이다. 나는 말이 안 통하고 김 사장님은 너무 온화한 분이라 더 이상 주장할 수도 없다. 1시간 만에 고물 캠코더를 제값 주고 산 멍청이 외국인 고객이 되어버렸다. 김 사장님도 보시기에 너무하단 생각이 들었는지 어디론가 잠시 전화를 했고, 우리들의 실랑이는 계속 이어졌다.

20분 넘게 이어지던 다툼을 마무리한 건 김 사장님의 전화를 받고 달려온 고향집의 정진수 사장님이었다. 이곳에서 한국식당을 운영하고 있는 정 사장님은 키토를 찾는 한국인들의 가이드를 자처하며 어려운 일이 있을 때마다 도움을 주는 분이다. 시골마을의 일 잘하는 이장님 같은 인상에, 나중에

안 일이지만 음악에도 조예가 깊어 〈치고이너바이젠〉을 특히 좋아하신단다. 복잡했던 캠코더 매장의 상황은 정 사장님이 오시자 간단하게 종료됐다. 캠코더는 교환을 받았고 시작부터 꼬여만 가던 에콰도르 여행은 이제야 제 방향을 찾기 시작했다.

스페인어로 적도를 뜻하는 에콰도르

에콰도르는 스페인어로 적도를 뜻한다. 남미 북서부에 자리한 에콰도르는 그 이름처럼 적도에 위치하고 있다. 한반도의 1.5배가 조금 못 되는 작은 나라. 하지만 바다를 접하고 있고 높은 안데스산맥과 정글이 있으며, 특히 찰스 다윈 때문에 유명해진 태평양 위의 섬 갈라파고스제도●를 가진 나라다.

에콰도르도 다른 남미국가들과 마찬가지로 300년의 식민피지배 기간을 거쳐 독립한 나라다. 지금의 에콰도르는 경제적으로 어려운 상황이다. 물가가 올라 서민들의 고생이 이만저만이 아니다. 정부의 부정부패 때문에 과도한 세금을 내도 나아질 기미는 보이지 않는데다 요즘은 끼니를 거르는 사람들도 있다고 하니 시민들은 매일같이 데모를 하는 형편이다.

에콰도르의 수도 키토의 모습은 다른 남미국가와 크게 다른 점은 없다. 스페인의 식민지를 거친 국가이기에 유럽의 건축양식을 그대로 옮겨놓은 대성당과 국회의사당, 구시가지는 전형적인 스페인의 식민도시와 같다. 하지만 가장 큰 차이점은 사람들이다. 다른 남미국가에 비해 원주민의 비율이 높은 이곳에선 전통복장을 입고 고유언어인 케추아어로 이야기하는 원주민을 쉽게 볼 수 있다. 어려운 경제사정 때문에 거리로 행상을 나오는 원주민

● 갈라파고스제도 Galápagos Islands (정식명칭은 콜론제도Archipiélago de Colón)

최근 영국 BBC 방송의 자연다큐멘터리 프로그램으로 인해 전 세계인의 관심을 불러일으킨 섬. 찰스 다윈에게 진화론의 영감을 제공한 섬, 갈라파고스 제도의 공식명칭은 '콜론제도'이며 이름은 크리스토퍼 콜럼버스(1451~1506)가 신대륙을 발견한 지 4백주년을 기념하기 위해 붙여졌고, 에콰도르에 속해 있는 영토다.

에콰도르에서 서쪽으로 약 960km 거리에 위치한 13개의 큰 섬과 6개의 작은 섬, 수많은 암초로 이루어진 이곳의 전체면적은 7,880km²이다. 각 섬마다 다른 생태계를 보이는 것도 이곳의 큰 특징이다.

갈라파고스는 토착민이 존재하지 않는 몇 안 되는 지구상의 섬이다. 가장 큰 민족집단은 에콰도르 메스티소인데 스페인 정복자들과 미대륙 토착민의 자손들로, 19세기말 에콰도르 대륙에서 건너왔다. 뿐만 아니라 많은 수의 백인들은 대부분 스페인계 후손들이며 유럽과 미대륙의 이주민들도 있다.

1959년에 대략 1,000~2,000명이던 인구가 1972년 조사에서는 3,488명, 1980년에는 15,000명이 되었으며, 2006년에는 약 4만 명 정도 되는 것으로 추산하고 있다. 사람이 살고 있는 유인도는 발트라, 플로레아나, 이사벨라, 산크리스토발, 산타크루스 등 5개 섬이다.

갈라파고스를 최초로 발견한 것은 1535년 파나마의 주교 프레이 토마스 드 베를랑가Fray Thomas de Berlanga였다. 당시 스페인이 남미를 정복하던 시기의 국왕 찰스 5세는 페루마저 정복하자 사정을 알아보기 위해 급히 사람을 파견했는데, 그가 바로 베를랑가다. 그는 풍랑을 만나 이 섬에 물을 얻기 위해 닻을 내렸지만 물을 구하지 못하고 페루행을 포기했다. 하지만 귀국 후 바다사자, 이구아나, 거북이 등 이곳의 식생을 왕에게 제출하는 보고서에 기록했다. 보고서는 플랑드르의 지도 제작자 아브라함 오르텔리우스Abraham Ortelius에게 들어가서 1574년 〈오비스 테라럼 ORBIS TERRARUM〉이란 이름의 지도에 'Insulae de los Galapagos(거북이 섬)'라고 표기되었으며 오늘날까지 쓰이게 되었다.

무엇보다 이 섬이 유명해진 역사적 사실은 1835년 9월 15일 찰스 다윈이 로버트 피츠로이가 이끄는 탐사선 비글호를 타고 이곳을 방문했던 일이다. 이 배에는 그 외에도 지질학과 생물학을 연구하기 위해 학자들이 타고 있었으며, 거북이가 섬마다 달리 생겼다는 것을 알게 된 다윈은 흉내지빠귀와 거북이의 분포를 생각하면서 불변하다고 여겼던 '종의 안정성'이 흔들릴 수도 있다는 사실을 깨닫고 잉글랜드로 돌아오는 길에 새의 표본을 분석하게 되었다. 이 일은 결과적으로 진화를 설명하는 다윈의 자연선택설 이론에 발전을 가져왔고, 이것을 유명한 《종의 기원The Origin of Species》에서 나타내고 있다.

세계자연유산에는 1978년 등록되었는데 1990년대 이후 급속한 관광확대와 그에 따른 인구 급증으로 환경오염과 외래 생물의 번식 등 많은 문제가 제기되어, 2007년 6월 위기 유산목록에 등록되었다. 그러나 에콰도르 당국의 노력이 재평가되어 2010년 제34회 세계유산위원회에서 위기 유산목록에서 삭제되었다. 최근 BBC는 죽기 전에 꼭 가봐야 할 명소 50군데를 꼽았는데, 갈라파고스도 포함되어 있다.

● 갈라파고스화(증후군) Galápagos syndrome

갈라파고스 증후군은 1990년대 일본의 제조업(주로 IT 산업)이 일본 시장에만 주력하기를 고집한 결과 세계 시장으로부터 고립되고 있는 현상을 일컫는 것으로, 마치 남태평양의 갈라파고스제도가 육지로부터 고립돼 고유한 생태계가 만들어진 것과 같아 붙여진 이름이다. 이는 본래 일본의 상황만 지칭하는 말이었으나 최근에는 대한민국의 인터넷 산업이나 미국의 자동차산업 등 다른 나라의 비슷한 상황에도 사용되고 있다.

최근 우리나라의 아이폰 규제와 허용에 따른 스마트폰 시장개편과 관련한 현상을 설명할 때 가장 적절한 예가 바로 갈라파고스화다.

인디헤나 아저씨의 백만볼짜리 미소

인디헤나 여인들과 함께 식사하는 필자

들의 모습에선 고단함이 묻어난다.

고향집 정진수 사장님과 송어회로 식사를 하고 키토 시내의 예술학교에 들렀다. 입구에 들어서자마자 학생들이 건물 중앙의 조그만 광장에 모여 연습하는 모습을 볼 수 있었다.

2년제로 운영되는 이 학교는 거의 모든 장르의 기예를 배운다고 해도 과언이 아니다. 흔히 우리가 생각하는 예술대학처럼 클래식 음악, 미술 등만 배우는 것이 아니라 마치 서커스에서나 볼 수 있는 기예를 연습하기도 한다.

그리 크지 않은 건물 여기저기서 디아볼로라고 하는 홈이 파인 팽이를 줄로 걸어 넘기는 묘기를 부리고 있고, 봉이나 원반, 공 등을 이용한 갖가지 저글링, 아크로바틱 같은 단체 매스게임 등 약간의 공터만 있으면 그곳에서 나름대로의 다양한 기예를 연마한다.

2층의 강의실에선 기타 연습이나 연기지도를 받는 학생들도 있다. 아기인

278

키토예술학교 학생들. 열심히 연습하는 모습이 아름답다.

남미의 도시답게 길거리에서 펼쳐지는 공연을 자주 볼 수 있다.

형을 포대기에 싸서 젖병을 물리거나 얼굴을 닦아주는 학생들도 있는데, 아마도 보모수업까지 있나보다. 선생님이 지도하는 강의실도 있지만 수업이라기보다는 학생들 스스로 자연스러운 분위기에서 연습하는 모습이 더 인상적이다.

취업과 스펙을 위해 꿈도 없이 도서관과 강의실만 오가는 우리 학생들의 모습에 비하자면 이곳 학생들의 표정에는 기쁨과 열정이 묻어 있다.

대통령궁 앞에서 페스티벌

저녁 무렵이 되자 대통령궁 앞 광장에서 공연무대가 펼쳐졌다. 사회자가

간단히 소개하는 말을 들어보니 페스티벌이 있는 모양이다.

처음 출연자는 여성과 남성으로 구성된 혼성듀오 팬터마임 팀인데, 남성이 꼭두각시인형 역할이고 여성이 주인인 듯하다. 일반적으로 희극을 주제로 한 팬터마임과는 달리 꼭두각시의 비애를 표정과 몸짓으로만 표현하는데 실력이 정말 대단했다.

이어서 알록달록 우스꽝스런 옷을 입고 나타난 키 큰 남자가 등에는 북과 심벌즈를 메고 발로 박자를 맞추며 색소폰과 기타, 목에는 하모니카까지 걸고 다섯 가지 악기를 다룬다. 자주 있는 공연이 아닌지 해가 뉘엇뉘엿 지는데도 사람들은 자리를 뜰 줄 모른다.

원주민들이 많은 오타발로

이곳 원주민의 삶을 가장 잘 볼 수 있는 곳이 있다. 바로 오타발로다. 이곳 오타발로는 인디헤나의 도시로 수많은 인디헤나들이 그들의 정체성을 지키며 살아가고 있다. 이 지역의 인디헤나들은 대부분 스페인어와 함께 자신들의 언어인 케추아어를 사용한다.

"중남미 원주민들을 흔히 인디헤나라고 하는데, 이건 식민시대에 이곳 원주민들을 폄하해서 부르는 말입니다. 원주민이란 말은 인디헤나라고 해야 맞지요. 우리도 식민시대에 조센진이라고 불렸잖아요."

김 사장님의 자세한 설명에 문화적, 역사적 지식 없이 생길 수 있는 실수를 미리 방지할 수 있어서 다행이라는 생각을 했다. 인디헤나들은 저개발국 에콰도르에서도 최극빈층에 속한다. 이들은 에콰도르 인구의 25퍼센트를 차지하지만 스페인 식민지시절 안데스산맥으로 숨어들어간 뒤 고산지대의 척박한 산비탈에 밭을 일구거나 가축을 키우며 살아왔다.

오타발로는 키토에서 차로 2시간 정도 떨어진, 안데스산맥과 아름다운 호수로 유명한 곳이기도 하다. 또 주말에 열리는 가축시장도 유명하다. 인디헤나들의 공예품을 비롯해 다양한 물건을 파는 시장으로도 알려져 있어 오타발로뿐만 아니라 콜롬비아에서까지 모여든다고 한다.

오타발로의 가축시장

시장이 주말에만 서다보니 토요일에 미리 가서 자고 새벽 5시에 가축시장을 찾아갔다. 이른 시간인데도 벌써 야단법석이다. 인디헤나 재래시장이다보니 전통복장이 많이 보이고 길 전체가 사람과 가축으로 바글바글하다. 공

간이 있는 곳이면 어디나 좌판을 펴고 물
건을 팔고 있다.

　가축시장이라는 표지판은 어디서도 찾
아볼 수 없지만, 사람들이 줄로 묶어 데리
고 있는 동물들을 보면 이곳이 어떤 데라
는 것을 이내 알 수 있다.

　가축으로 키울 수 있는 동물이면 모두
다 거래되는 것 같다. 소, 돼지, 염소, 양,
말, 토끼, 닭, 오리 심지어 에콰도르 사람

주말 새벽에 열리는 오타발로 시장. 온갖 종류의 동물들을 볼 수 있는 남미 최대의 인디헤나 재래시장이다.

들이 식용하는 기니피그까지 거래가 된다. 팔려가는 신세를 아는지 동물들의 울음소리와 사람들의 소리에 넋이 나갈 정도다. 사육된 동물들이 아니라 집에서 키우는 가축들을 거래하다보니 줄로 묶어서 끌고온 동물들의 숫자도 한정되어 있다. 평소와는 달리 장터의 인디헤나들은 활력이 넘쳐 보인다.

시장 한쪽에는 먹을거리를 파는 곳도 있다. 가축시장에서 긴 시간을 보내다보면 출출해지기 마련. 숯불에 구운 갖가지 바비큐 요리가 눈길을 끌지만 가장 인기메뉴는 돼지를 푹 곤 수프로 우리나라 곰국 비슷한 음식이다. 돼

지를 곤 곰탕에 파, 감자, 옥수수를 넣어서 국물맛이 진국이다. 마음씨 좋은 인디헤나는 더 달라는 말에 돈도 더 받지 않고 두세 그릇은 그냥 퍼준다.

안데스산맥을 배경으로 하는 오타발로의 가축시장은 그 위치만으로도 참 멋있는 곳이다. 게다가 남미 최대의 인디헤나 재래시장이다보니 정말 사람들이 사는 모습 그대로를 즐길 수 있는 곳이기도 하다. 비록 에콰도르에서의 첫 인상(강도사건)은 좋지 않았지만 삶에 충실한 에콰도르의 사람들을 보면서 이들이 진정 에콰도르의 참 모습이 아닌가 생각해본다.

《노인과 바다》의 배경이 된 코히마르는 고요하고 평화로운 곳이다.

쿠바 체 게바라와 헤밍웨이, 세멘테리오 꼴롱묘지, 작은 어촌 코히마르, 아바나

낭만적 음악, 열정적 춤
자유로움 넘치는 사회주의 – 쿠바

올해 초 콜롬비아 아마존을 갔을 때였다. 콜롬비아와 브라질의 국경마을 레티시아에서 원주민 가이드를 따라 배를 두 번이나 갈아타고 꼬박 하루가 걸려 아마존 오지마을 베르완노에 도착했다. 짙은 밀림에 둘러싸인 한적하고 평화로운 분위기만큼이나 사람들도 좋은 인디헤나 마을. 낡은 판잣집 벽면에 붙어 있는 한 장의 사진이 눈길을 끌었다. 체 게바라. 전기도 들어오지 않고 문명을 접하기 어려운 이곳에도 중남미의 혁명영웅 체 게바라라는 흔적을 남기고 있었다.

● **쿠바 [Cuba]**– 서인도제도 카리브해 군도의 가장 큰 단일 섬
공식명칭 쿠바공화국(Republic of Cuba) **인구** 11,087,330명
면적 110,860km² **수도** 아바나 Habana
정체 · 의회형태 중앙집권사회주의공화제, 단원제
국가원수/정부수반 대통령/대통령 **공식언어** 스페인어
독립 1902.05.20 **화폐단위** 쿠바페소(Cuban peso/CUP)
종교 로마가톨릭 85% **1인당 국민소득** $9,900, 109위

아바나의 첫 번째 관광명소이자 랜드마크 까삐똘리오. 쿠바혁명 이전에는 국회의사당으로 사용된 건물이지만 지금은 국립과학원으로 사용되고 있다.

혁명가 체 게바라의 나라, 낭만적인 음악이 있고 정열적인 춤이 있는 나라, 세계 몇 안 되는 사회주의국가이지만 국민들이 행복한 나라, 바로 중남미의 보석 쿠바다.

쿠바는 '서인도제도의 진주'라고 불릴 만큼 널리 알려진 동경의 섬이다. 1940년대만 해도 미국과 서구 상류사회에서 최고로 치는 휴양지였다.

여성의 히치하이킹이 흔한 나라

비행기에서 내리자 내리쬐는 햇살에 숨이 턱 막힌다. 찜질방에 들어온 듯 열기가 이글대지만 그늘로 들어서면 금세 땀이 마른다. 더위 때문인지, 삶에 찌든 탓인지 사람들은 표정이 없지

외무부 건물앞의 인물은 혁명동지인 까밀로 씨엔푸에고스다. 쿠바혁명의 영웅이기도 하고 체 게바라의 가장 친한 친구이기도 한데, 쿠바혁명 성공 직전에 비행기 사고로 젊은 나이에 사망했다.

만 눈망울만은 더할 나위 없이 맑다.

시내로 이동하는 차안에서 바라본 쿠바섬은 사회주의 국가라는 생각이 들지 않을 만큼 자유로움이 넘친다. 말레콘 방파제를 따라 담소를 나누는 젊은이들과 사랑을 나누는 연인들이 눈에 들어온다. 드문드문 젊은 여성들이 지나가는 차를 향해 손짓을 한다. 정류장도 아니고 택시가 다니는 것도 아니다.

"저분들은 왜 저기 서 있는 겁니까?"라고 기사에게 묻자, "차를 태워달라는 겁니다"라고 대답한다. 쿠바 여성들은 대중교통을 이용하기도 하지만 히치하이킹도 하는데, 그들을 태워주는 것이 일반화되어 있어 자연스러운 일

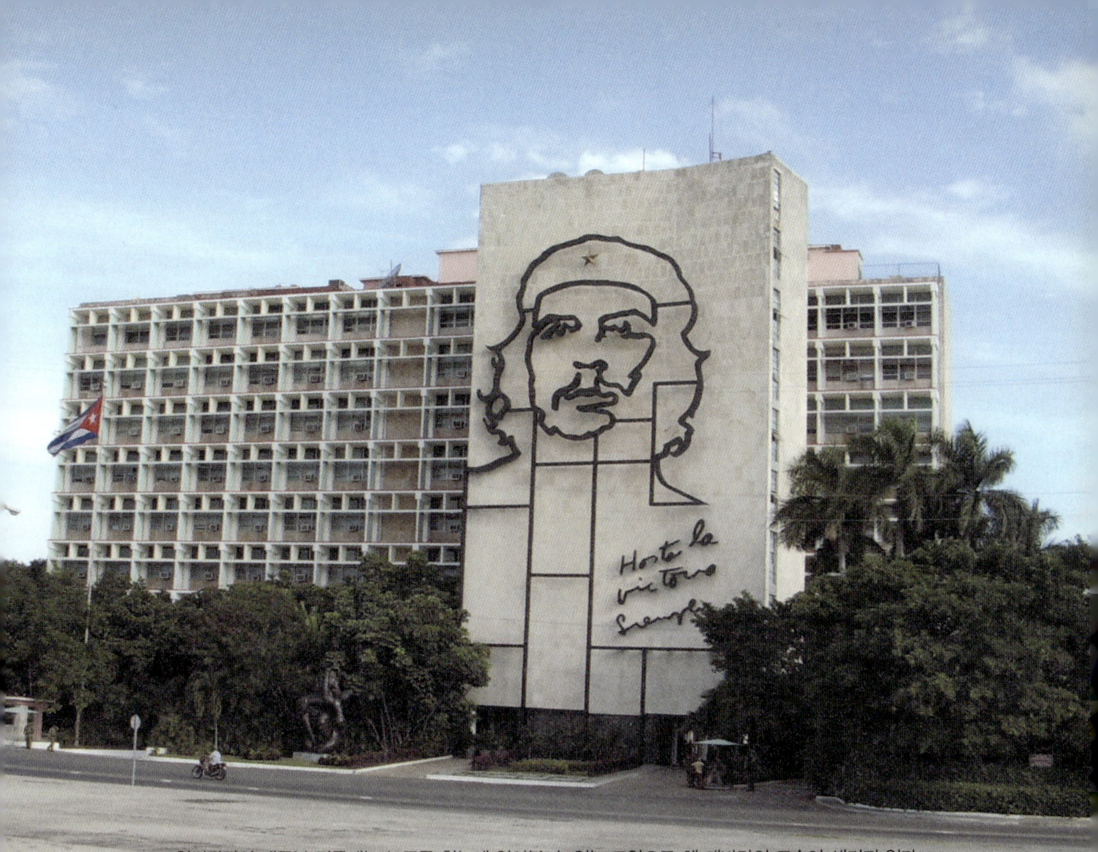

혁명광장의 내무부 건물에는 누구든 한눈에 알아볼 수 있는 모양으로 체 게바라의 모습이 새겨져 있다.

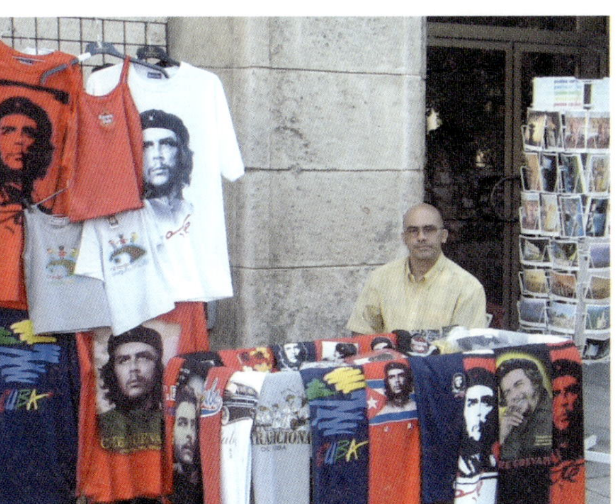

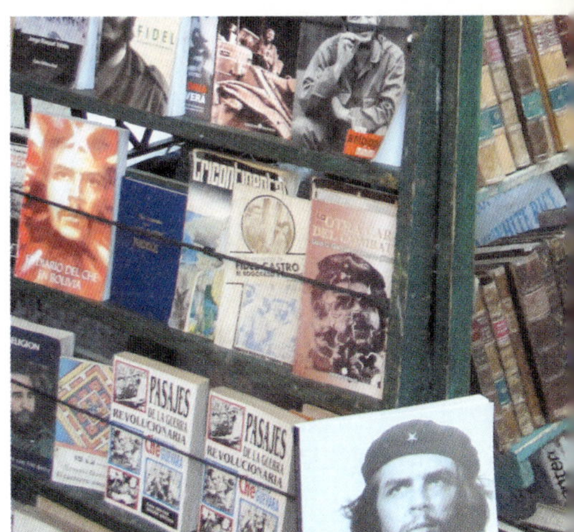

시내 가판에도 체 게바라와 관련된 물품들이 즐비하다.

이란다. 우리나라에선 여성이 모르는 사람 차를 탄다는 것이 두려운 일인데, 사회주의국가 쿠바에서 이런 문화를 볼 수 있다는 것에 또 한 번 놀랐다.

　쿠바여행은 수도 아바나에서 시작한다. 이곳에 들어서면 고풍스런 멋이 가득한 쿠바의 택시들이 번쩍인다. 아바나의 첫 번째 관광명소는 센트로 아바나에 있는 건물 '까삐똘리오'다. 아바나의 랜드마크인 이 '까삐똘리오'는 쿠바혁명 이전, 국회의사당으로 사용하던 건물인데 지금은 쿠바 국립과학원으로 사용 중이다. 인기 명소답게 까삐똘리오 앞은 여행객들을 위한 다양한 탈것들이 대기하고 있다.

세계 4대 공동묘지 중 하나인 세멘테리오 꼴롱묘지는 크기와 아름다움으로 인해 쿠바의 명소로 알려져 있다.

혁명 영웅 체 게바라와 세멘테리오 꼴롱묘지

시보네족, 타이노족 등 5만여 원주민들이 고도의 농경생활에 종사하며 평화롭게 살고 있던 쿠바섬은 16세기 초 에스파냐에 정복된 이후 약 4세기 동안 그 지배를 받아오다 19세기 말 에스파냐와 미국 사이에 전쟁이 벌어져 다시 미국 손에 넘어가게 됐다.

이에 미국의 조종을 받는 정권이 들어서며 부패와 수탈을 자행하다 바티스타 독재정권 때 이에 항거하는 게릴라들이 들고일어나 정부를 전복시키고 정권을 잡았다. 그 지도자가 라틴아메리카의 신화적인 영웅 체 게바라였다. 그는 피델 카스트로와 함께 반란에 성공한 후 카스트로에게 정권을 맡

293

기고 다시 게릴라 활동을 지도하기 위해 중미의 밀림 속으로 떠났다. 피폐한 민중의 빈곤을 해결하기 위해 의사의 길을 포기하고 혁명을 택한 체 게바라는 세상을 떠난 지 40여 년이 넘었음에도 쿠바 사람들의 가슴속에 살아남아 있다.

쿠바의 명소로 알려진 세멘테리오 꼴롱묘지로 향했다. 세계 4대 공동묘지의 하나인 이곳에는 200만 기가 넘는 묘가 들어서 있어 차를 타고도 한참을 달려야 전체를 볼 수 있을 만큼 규모가 크다. 이 묘지는 그 크기 때문에 4대 공동묘지의 하나가 된 것이 아니라 너무 아름답고 입이 벌어질 정도로 광활한데다 한마디로 너무 화려하기 때문이다. 쿠바정부는 이 꼴롱묘지를 관광상품으로 만들어 입장료를 받고 있다. 바로 묘지를 장식한 예술품 못지않은 조각상들 때문인데, 그래서 사람들은 이곳을 공동묘지가 아닌 거대한 조각 공원이라 부르기도 한다.

우리나라와는 장례문화도 다르고 묘지의 모습도 달라 공동묘지라기보다는 커다란 공원에 온 듯한 느낌이다. 입구에 들어서면서 젊은 부부가 꽃다발을 들고 가기에 물어보니 시아버지의 기일이란다. 쿠바에서는 가족묘를 쓰기에 가족들의 무덤을 같이 만든다. 무덤 한 기에 5, 6개의 유골함이 있는 것이다. 부부를 따라 무덤에 도착하니 이미 남자의 삼촌이 와서 무덤을 손보고 있었다. 대부분이 대리석으로 이루어진 무덤은 자연적으로 부스러지기도 하는데, 그래서 이 아들은 매달 무덤을 보러 온단다. 부모를 생각하는 마음은 세상 어느 곳에나 존재하는 똑같은 사랑일 것이다.

여행자들에겐 멋진 볼거리지만 가족들에겐 아련한 슬픔의 장소다. 꼴롱 묘지의 조각들은 화려하기만 한 것이 아니라 조각마다 애틋한 사연이 담겨 있다고 한다. 소방관이 오기 전 불을 끄다 죽은 31명의 용감한 주민들이 조각된 것도 있고, 가슴 아픈 모자의 이야기도 담겨 있다.

쿠바의 초대 대통령 세르페데스 묘지보다 더 화려한 흑인 바텐더의 묘지

세멘테리오 꼴롱묘지 한복판에 쿠바의 초대 대통령 세스페데스의 무덤이 있다. 바로 그 옆에 대통령 것보다 훨씬 높고 화려한 묘지가 있는데 그 주인공의 이야기가 재미있다.

바로 미국의 대문호 헤밍웨이와 관련이 있는 인물이다. 1950년대 초는 헤밍웨이의 전성시대였다. 《노인과 바다》로 1953년 퓰리처상을 받고 이듬해

플로리디따 바의 벽면엔 헤밍웨이의 글씨와 사진액자가 벽에 걸려 있다.

노벨문학상을 받은 헤밍웨이는 툭하면 플로리다에서 쿠바 별장으로 갔다. 쿠바에서 작품활동을 하던 헤밍웨이의 단골술집이 아바나에 있는데 그곳이 '플로리디따'라는 바였다.

헤밍웨이는 종종 이 바의 구석자리에 앉아, 자신이 낚았던 고기 자랑을 하며 칵테일을 마시곤 했다. 흑인 바텐더는 헤밍웨이를 위해 칵테일 '다이키리 Daiquiris'를 만들어주곤 했다.

헤밍웨이는 항상 같은 자리에 앉아 술을 마셨다. 늙은 흑인 바텐더에게 이런저런 이야기를 건네면서. 이 흑인 바텐더는 헤밍웨이를 위해 새로운 칵테일을 하나 개발했다. 그게 바로 다이키리다. 우리나라의 칵테일바에도 있다. 얼음을 갈아 만든 빙설에 럼과 사탕수수즙, 레몬을 넣고 만든 이 칵테일을 맛본 헤밍웨이는 그후로 이 칵테일만 마셨다.

이 소문이 나자 돈 많은 미국 관광객이 쿠바의 '플로리디따'에서 '다이키리' 한 잔 마셔보지 못했다면 쿠바여행을 했다고 말할 수 없을 정도란 말이 생겨났다. 당연히 이 바에는 미국 부호들이 줄을 섰다. 사람들은 모두 다이키리를 개발한 흑인이 직접 만든 칵테일을 마시려 했고, 이 가난한 바텐더가 주인보다 더 많은 돈을 벌게 되었다. 다이키리 한 잔 값은 50센트였지만 팁으로 열 배, 스무 배의 돈을 번 것이다. 얼마 지나지 않아서 이 흑인 바텐더가 플로리디따를 사고 그 옆에 딸린 식당까지 사버렸다. 꼴롱 공동묘지의 대통령 묘 옆에 있는 크고 화려한 무덤주인은 바로 이 흑인 바텐더다.

쿠바에 가면 꼭 가보리라 마음먹었었던 플로리디따는 분홍빛의 아담한 단층 건물이었다. 외벽 간판에는 헤밍웨이가 좋아했던 곳, '다이키리' 원조라는 글이 씌어 있다. 바는 중앙에 카운터가 있고, ㄷ자 모양의 공간에 몇 개의 테이블이 놓여 있다. 집기들은 헤밍웨이가 살던 당시 그대로라고 한다. 한쪽 구석에 바에 앉아 있는 헤밍웨이의 동상이 있고, 안쪽의 두 벽면에는 헤밍웨이 관련 사진들이 수십 장 걸려 있다.

시간이 늦었던지라 손님은 많지 않았고, 재즈밴드의 공연도 막바지에 이르렀다. 헤밍웨이가 즐겼던 다이키리 한 잔 마시며 쿠바를 사랑했던 미국의 대문호가 된 양 분위기에 취해본다. 연주하던 노래가 끝나자 재즈밴드의 공연이 끝났는지 악기를 주섬주섬 정리하기에 염치불구하고 '라쿠카라차'를 청했다. 영어도 잘하지 못하는 검은 머리 동양인의 "라쿠카라차! 플리즈~"

단 두 마디에 다시 악기를 꺼내 연주를 시작한다. 헤밍웨이가 사랑했던 것
은 쿠바의 아름다운 자연이나 다이키리가 아니라 이들처럼 음악을 사랑하
고 흥이 있는 쿠바사람들이 아니었을까.

아바나 동쪽의 작은 어촌, 코히마르

쿠바를 얘기할 때 헤밍웨이를 빼놓고 말할 수 없을 만큼 쿠바 곳곳에는 헤밍웨이의 흔적으로 넘친다. 아바나 동쪽으로 가면 작은 어촌 '코히마르'가 있다. 작고 조용했던 이 어촌마을은 유명해지면서 커플들이 즐겨 찾는 명소가 되었지만 원래는 헤밍웨이가 낚시를 즐겼던 곳이다.

코히마르에 있는 헤밍웨이의 흉상.

이 마을에 들어섰을 때의 느낌을 한 마디로 표현하자면 '고요'다. 청록빛 나무길이 이어지는 마을을 지나면 확 트인 자연의 때 묻지 않은 바다가 눈에 찬다. 헤밍웨이는 이곳에서 낚시도 하고 가끔은 배를 타고 바다로 나가기도 했는데, 이 코히마르의 평화로운 풍경을 보며, 《노인과 바다》라는 작품의 영감을 얻었다고 한다.

이렇게 고요하고 아름다운 곳이니 헤밍웨이에게 수많은 영감과 고도의 집중력을 발휘하게 하지 않았을까 하는 생각도 해봤다.

옛날 등대였을 법한 성곽은 어림잡아도 몇 십 년의 자취가 느껴진다. 이곳은 옛날부터 해안경계를 하는 군사시설이었다고 한다. 안으로 들어가보고 싶었으나 촬영을 거부당했다. 헤밍웨이가 낚시를 즐기던 선착장에는 유명세 탓인지 언제나 많은 낚시꾼들로 붐빈다.

헤밍웨이는 1930년대부터 쿠바혁명 다음 해인 1960년까지 쿠바에서 작품활동을 했다. 그때 묵었던 호텔이나 식당이 잘 보존되어 있고, 헤밍웨이가 살던 집은 박물관으로 꾸며져 있다. 박물관에는 사슴, 표범가죽, 호랑이 얼굴 등 집안 곳곳에 그의 취미가 고스란히 드러나 있는데 그는 낚시와 함께 사냥도 무척 즐겼다고 한다. 또 대문호답게 식당 빼고는 어떤 방을 가도 온통 책으로 가득 차 있다.

3층으로 올라가면 언제나 유유자적 놀기 좋아했던 헤밍웨이가 사용한 전

여유롭고 열정적인 쿠바사람들과 함께하면 그렇게 흥겨울 수가 없다.

망 좋은 방도 있다. 미국의 작가가 지금은 대표적 반미국가인 쿠바의 중요한 관광자원이 되어 있으니 이것도 참 아이러니한 일이다.

춤과 음악의 뜨거운 열정, 아바나

아바나의 하늘에 노을이 지고 낭만적인 밤이 찾아오면 낮과는 또 다른 매력을 볼 수 있다. 밤이 되자 카페는 더욱 활기가 넘친다. 거리도 춤을 추는 사람들로 북적인다. 열정적인 아바나의 밤이다.

가게뿐 아니라 거리 어디서나 신나는 연주를 들을 수 있다. 밤이 깊어질수록 아바나는 점점 춤과 함께 뜨거워진다. 다양한 공연을 볼 수 있는 카페가

많고 플라멩코부터 클래식 연주까지 취향대로 골라서 갈 수 있다. 쿠바의 낮과 밤을 겪어보면 헤밍웨이가 사랑한 나라 쿠바, 춤과 음악의 뜨거운 열정이 끓는 나라 쿠바를 왜 카리브해의 진주라 부르는지 제대로 알 수 있다.

'혁명은 영원하다'는 칼 마르크스의 구호가 벽에 새겨진 쿠바의 허름한 거리. 가난 속에,
혁명 속에서도 음악은 꽃과 소녀를 이야기한다

내 뜰에는 꽃들이 잠들어 있네
흰 백합들 수선화들 그리고 장미들이
그리고 깊은 슬픔에 잠긴 내 영혼
난 꽃들에게 내 슬픔을 감추고 있네
인생의 괴로움을 알리고 싶지 않아
내 슬픔을 알게 되면 꽃들도 울 테니까.
깨우지 마라 모두 잠들었네
수선화와 흰 백합들
내 슬픔을 꽃들에게 알리고 싶지 않아
내 눈물을 보면 죽어버릴 테니까

쿠바의 작은 마을 산티에고에서 태어난 이브라힘 페레르 Ibrahim Ferrer(메인보컬 1927~2005, 78세로 사망)와 오마라 포르투온도(Omara Portuondo 1930~)는 'Silencio'에서 이렇게 노래를 흥얼거린다. 악보 없이, 입에서 흘러나온 것이 그대로 아름다운 노래로 탄생하는 순간이다. 12세 때 어머니를 잃고 혼자 된 이브라힘은 학교를 그만두고 일자리를 구하며 어렵사리 생계를 이어가야 했다. 1950년대 '쿠바의 냇 킹 콜Nat King Cole로 불리며 가수로서 한때 전성기를 누렸지만, 쿠바혁명 이후 음악에서 손 떼고 구두닦이로 용돈을 벌기도 했다. 구두닦이라니… 여전히 그는 인생 한복판에서 세상을 배우고 있었던 것은 아닐까.

그리고 함께 노래를 한 '쿠바의 디바' 오마라 포르투온도는 이미 1960~1970년대 전성기를 보낸 쿠바음악계의 살아 있는 전설로 불려왔던 인물. 그녀의 최고의 장점은 장르에 구애받지 않는다는 점. 하지만 당시 그들의 존재는 쿠바에서만, 그것도 나이가 들고 대중들에게 잊혀져 있었다.

1995년, 쿠바음악의 원형보존이라는 명분으로 음반기획을 위해 쿠바를 방문한 기타리스트 겸 영화음악가인 라이 쿠더 (Ry Cooder 1947~)는 귀국 후 친구이자 세계적 영화감독 빔 벤더스에게 작업 동행할 것을 제의, 이들은 이듬해인 1996년

음반제작과 다큐멘터리 영화의 동시작업을 위해 쿠바를 방문한다. 그리곤 잊혀진 뮤지션들을 찾아내서 낡고 허름한 스튜디오에 모여 6일 만에 녹음을 완성한다. 이 음반이 전 세계를 사로잡은 '부에나비스타 소셜클럽 Buena Vista Social Club'이다. '환영받는 사교클럽'이란 뜻의 공산혁명 전 아바나 최고의 사교클럽 이름에서 따왔으며 이브라힘과 오마라 외에도 루벤 곤잘레스(Ruben Gonzalez 1919~), 꼼빠이 세군도(Compay Segundo 1907~2003)를 비롯해 엘리아데 오초아(Eliades Ochoa 1946~) 등이 합류했다. 당시 그들의 평균나이는 무려 85세. 음반의 경우 미국, 일본 등 10여 개국에서 한정발매를 의도했으나 발매하자마자 클래식, 재즈, 팝 팬들의 열광적인 지지를 얻고 600만장의 판매고를 올리며 전 세계를 아프로쿠반 재즈의 사운드로 물들였다. 이후, 각종 차트와 공연, 수상기록은 이루 헤아릴 수 없을 정도. 영화의 경우 빔 벤더스 감독은 연출적인 개입을 최소한으로 억제하는 걸 원칙으로 완성해서 1999년 베를린영화제에서 '특별상영작'으로 개봉되어 화제를 모았으며 그들의 삶과 인생 그리고 음악은 전 세계 영화팬들을 감동시켰다.

세계에서 가장 유식한 노동자는 쿠바의 시가 노동자?

쿠바를 상징하는 여러 이미지들이 존재하지만, 그 가운데 단연코 으뜸은 체 게바라의 초상과 관련한 것이다. 그 중에서도 자주 등장하는 시가를 피우는 사진들은 쿠바 노동자들이 시가를 입에 문 채 시가를 말고 있는 모습 등과 더불어 대표적인 쿠바 이미지로 자리잡았다.

개인의 부나 권력을 상징하는 이미지를 표현하는 데 남자에게는 시가만큼 적절한 소품이 없다. 굳이 더 들자면 시계 정도. 태생자체가 허무함을 내포하고 있는 담배의 한 종류인 시가. 여송연呂宋煙이란 표현도 있지만, 엽궐련葉卷煙, 잎궐련—卷煙이라고도 한다. 말린 담뱃잎을 통째로 말아 만들며, 모양과 크기에 따라 여러 종류가 있다. 여송이란 단어는 필리핀 루손섬의 중국식 표기에서 왔다.

1492년 콜럼버스가 아메리카 대륙에 도착했을 때부터 시가의 역사가 시작되었다. 아메리카에 도착한 스페인 선원들이 나뭇잎을 말아 피우고 있는 인디오들을 보고나서 시작되었고, 시가라는 말도 인디언 말에서 유래된 것이다. 이후 시가는 유럽에 상륙했고, 상류층으로 파고들었다. 현재 전 세계 약 2백여 종이 넘는 시가 중에서 최고로 치는 쿠바산 시가의 명성과 품질은 그 독특한 매력을 가지고 있다. 우선 질 좋은 잎담배가 쿠바지역에서 생산되며, 담배를 말아 제조하는 기술이 오랜 세월을 거쳐 축적되어왔기 때문이다.

한때 '세계에서 가장 유식한 노동자는 쿠바의 시가 노동자' 라는 말이 돌던 때가 있었다. 시가 마케팅의 일환이기도 하지만 하루 10시간 가까이 작업대에 앉아 시가를 말고 있는 그들을 위해 렉토(lector 낭독자)라 불리는 사람들이 확성기를 통해 오전에는 신문을, 오후에는 철학과 문학작품들을 읽어주기 때문이라는 이유를 들어보면 고개를 끄덕이게 된다. 한때 카스트로의 혁명 직후 쿠바는 시장점유율에서 잠시 왕좌를 내주기도 했지만 바로 명성을 회복한다. 대표적인 브랜드로는 코이바Cohiba, 몬테크리스토Montecristo, 오푸스XOpus X, 파르타가스Partagas, 로메오 이 훌리에타Romeo y Julieta를 비롯해 존 F. 케네디가 즐겨 피운 'H. 업맨H. Upmann, 오요 데 몽테레이Hoyo de Monterrey, 다비도프Davidoff, 후안 클레멘테Juan Clemente 등이다. 주요 생산국으로는 도미니카공화국, 니카라과, 브라질, 온두라스, 자메이카, 멕시코, 에콰도르, 인도네시아 등이 있으며 시가는 쿠바 수출액의 10%를 차지할 정도의 주요 생산품이다.

마피아들만 즐기는 그들의 전유물인 것처럼 오해하지만 무엇보다 시가는 문화다. 일반 담배와는 달리 불을 붙이는 성냥이나 라이터에서부터 차이를 두며 커터와 펀치, 라이터와 토치, 휴미더(Humidor 시가보관함) 등 전용 액세서리들이 별도로 애용된다. 예를 들어 불을 붙이는 경우 예전엔 전용성냥을, 최근에는 터보라이터를 많이 애용하는데 이유는 담배 전체에 골고루 불을 붙이기 위해서이다. 또 수제 시가를 피우기 위해 필요한 것 중 하나는 커터Cutter인데, 수제의 경우 입에 무는 부분이 담뱃잎으로 말려 있다. 이 부분을 잘라내고 흡입하기 위한 구멍을 내기 위해 쓰는데, 다양한 종류와 스타일이 생산되고 있으며 가끔 영화에서 악당들이 주인공 등을 협박하는 연출 소품으로 등장하기도 하는 물건이다. 또한 습도 70%와 온도 15~18℃가 시가를 보관하는 최적의 조건이며 그래야 가장 좋은 맛과 향을 지닌다. 시가는 좋은 술과 잘 어울리는 특성을 지녀 최근 들어 우리나라에서도 호텔을 중심으로 시가 바Cigar Bar 같은 컨셉을 띤 형태로 퍼져나가고 있다.

독특한 향(?) 때문에 여성과 비흡연자들의 배척을 받아왔지만 세계의 많은 사람들이 시가를 즐기고 찬미했다. 조르주 상드는 '시가는 고통을 잠재우고 무료함을 달래주며, 고독한 순간을 수많은 우아함으로 가득 채운다' 라고 예찬했으며 정글북의 작가이자 잠언시인인 루디야드 키플링은 약혼자들이라는 시에서 '여성은 언제나 여성일 뿐, 그러나 좋은 시가는 연기이기도 해' 라는 말을 남겼다. 그 중 가장 강력한 표현은 마크 트웨인이 했던 말인데 그는 '천국에 시가가 없다면 나는 그곳에 가지 않겠다' 라며 시가에 대한 사랑을 표현하기도 했다. 무엇보다 시가 하면 잘 어울리는 유명인의 얼굴이 떠오른다. 체 게바라, 윈스턴 처칠, 블라디미르 레닌, 피델 카스트로, 지그문트 프로이트, 마크 트웨인, 존 F 케네디, 어네스트 헤밍웨이, 오손 웰즈, 그리고 알프레드 히치콕 등. 쿠바산 시가는 단순히 연기를 내뿜을 수 있는 담배의 기능뿐 아니라 혁명의 열정과 슬픈 역사 그리고 아름다운 음악이 한껏 어우러진 카리브해의 공기를 마시는 것과 같다.

홀연히 사라진 유적도시 욱스말. 마야의 건축물로는 드물게 타원형으로 지어진 이 피라미드의 이름은 '마법사의 집'이다.

'마야'를 잃은 건 인류의 엄청난 손실 – 멕시코

'태양의 대륙' 라틴Latin의 정열이 살아 숨쉬는 곳, 기원전 2천년 미스터리의 문명 '마야●'의 중심지였던 땅이다. 유카탄반도를 따라 거대한 신전과 현재도 풀 수 없는 불가해不可解한 건축술과 천문학을 자랑하던 마야는 지금은 알지 못하는 미지未知의 문명이 되었다. 아메리카 대륙에 위치하며 인류문명의 한 기원으로서 1천년 전까지만 해도 면면히 존재했던 마야는 역사에서 완전히 사라졌다. 이에 대해 학자들은 스페인 등 외부세력의 무지한 학살이 그 원인이라는 설과 마야내의 무분별한 개간이 '흑사병'에 맞먹는

하늘과 맞닿은 땅, 마추픽추

우루밤바강을 따라
힘겹게 협곡을 달려온 열차가
언덕 위에 올라 가쁜 숨을 몰아쉰다.

차창 밖 하늘의 별들은
손에 잡힐 듯 총총히 매달렸고
쿠스코의 불빛은
어젯밤 하늘의 별들이
모두 쏟아져 내렸다.

마추픽추 꼭대기에 세워진 공중도시엔
주인은 어디론가 간데없고

바람 속에 묻힌
한 맺힌 인디헤나의 노랫소리만
석벽 사이로 날아간다.

병충해를 불러 급작스럽게 소멸되었다는 주장까지 제기한다. 심지어 미확인 비행물체UFO에 의해 우주인에 끌려갔다는 '믿거나 말거나' 하는 추측도 있다.

유카탄 반도의 끝, 마야문명의 출발지 메리다를 거쳐 내륙 밀림으로 들어서면 유적도시 '욱스말'이 나타난다. 욱스말은 마야 말로 '풍성한 추수'라는 뜻이다. 서기 6백년쯤 동서 600m, 남북 1km에 걸쳐 조성된, 주민이 5만 명에 달할 정도로 큰 도시였다. 도시 내부엔 이례적으로 타원형의 돌축을 쌓은 마법사 신전과 지평선 위로 금성이 내려앉은 지점을 정확히 직선으로 바라보며 만든 총독 궁전이 세워져 있었다.

하지만 이렇듯 웅장한 위용을 자랑하던 욱스말은 뭔가 알지 못할 이유로 3백년만에 홀연히 사라졌다. 돌무더기와 울창한 정글만 남긴 채 종언을 고했다. 유엔은 욱스말을 세계문화유산으로 지정했다.

현재의 멕시코는 1821년 스페인에서 독립해 북아메리카에 위치한다. 그러나 지금으로부터 4천년 전에 생겨난 마야는 중앙아메리카에까지 걸친 거대문명이었다. 중미에 널리 퍼진 인디헤나 원주민들이 멕시코 인구의 30%

● 멕시코 [Mexico] – 북아메리카
공식명칭 멕시코합중국 (United Mexican States/Estados Unidos Mexicanos)
인구 113,724,226명 **면적** 1,972,550km² **수도** 멕시코시티
정체 · 의회형태 연방공화제, 양원제 **국가원수/정부수반** 대통령/대통령
공식언어 스페인어 **독립** 1810.9.16 **화폐단위** 멕시코페소(Mexican peso/Mex$)
종교 로마가톨릭 76.5% **1인당 국민소득** $13,900, 85위

맨발의 아이들이 할아버지 가면 쓰고 지팡이 들고 음악에 맞춰 춤추는, 다소 어설프지만 귀여운 학예회가 열리고 있었다.

를 차지하는 것은 그러한 역사적 기원에서 비롯된다. 멕시코가 '라틴의 진수'라 불리며 전통과 현대의 공존을 자랑하는 것도 같은 맥락이다. 수도는 멕시코시티, 인구는 1억 400만 명이다.

미국에서 시카고의 황량한 사막을 건너 멕시코로 들어가기보단 과테말라에서 멕시코로 가는 길이 훨씬 운치가 있다. 멀리 자그마한 집들이 보이고

칸쿤의 아름다운 바다. 칸쿤은 특히 해변의 모래가 밀가루처럼 부드러운 것으로 유명하다.

가로로 길게 늘어진 산들을 따라 중턱쯤 광산갱도가 군데군데 뚫린 것이 전형적인 중앙아메리카 풍경이다. 하지만 그것은 엘도라도를 꿈꾸던 정복자들이 원주민들을 착취해 금맥을 캐던 역사의 아픔이 서린 정경이다. 그렇게 세계사에 간섭하며 닿은 멕시코의 첫 국경마을이 치아파스 어꼬신고였다.

사람들 소리에, 마이크 소음에 마을은 초입부터 시끌벅적했다. 이 소리들을 좇아 들어가니 한 초등학교에 다다랐다. 맨발의 아이들이 할아버지 가면 쓰고 지팡이 들고 음악에 맞춰 춤추는, 다소 어설프지만 귀여운 학예회가 열리고 있었다. 1년에 두 번, 학기가 끝날 때면 열린다고 한다. 워낙 빈곤하다 보니 학예회가 곧 마을 축제였다. 이날은 부모나 아이 모두에게 특별한 날이었다. 생활은 비록 가난하지만 행복이 물씬 풍기는 웃음들이었다. 달리기며 릴레이, 오자미던지기로 온 가족이 한껏 신났던 우리네 1970~80년대 그 시절 가을 운동회처럼.

치아파스 어꼬신고를 벗어나면 멕시코만과 카리브해, 태평양을 따라 신이 멕시코에 내린 선물인 천혜의 해변들이 곳곳에서 이어진다. 세계적인 관광지

160만㎢에 이르는 멕시코만 연안은 습
지대와 산호초로 이루어져 있어 펠리칸
을 비롯 바다거북, 상어, 돌고래 등이
서식하는 생태계의 보고로 '아메리카대
륙의 지중해'라 불리고 있다. 칸쿤의 아
름다운 해변을 따라 노닐고 있는 펠리
칸들의 모습을 사진으로 담아보았다.

칸쿤 주변의 묘지. 제각각인 무덤들이 조형적인 느낌을 준다.

아카풀코는 따로 설명이 필요 없다. 미국과 캐나다, 유럽 등지에서 수많은 인파가 휴양을 위해 찾아든다.

최근엔 캄페체주州가 유명하다. 과거 스페인 요새가 있던 곳으로 아름다운 풍광과 풍부한 바다자원 때문에 주 전체가 세계문화유산에 등록됐다.

특히 칸쿤이란 도시는 해변의 모래가 마치 밀가루처럼 부드럽다. '행운의 모래'라고 소문이 나 수많은 관광객들이 밀려들고 있다. 40여 년 전 칸쿤은 주민이 채 100명도 안 되는 작은 어촌이었다. 1960년대 말 멕시코 정부가 공사를 시작해 새로운 휴양지로 조성했다. 그 덕에 인구가 기하급수적으로

치첸이트사 전사의 신전. 어마어마한 기둥이 질서 정연하게 세워져 있다.

늘고 방문객 수효도 급증하면서 지금은 최고의 리조트 해변으로 변모했다.

아메리카 문명의 한 기원, 송두리째 사라져 밀림속 '욱스말', 잉카 '마추픽추'●같은 방어선 '치첸이트사'엔 축구로 제물 뽑는 그림 선명

여기서 의문 하나. 왜 마야는 뜨거운 태양과 따뜻한 해수海水가 있는 해변을 두고 사람이 살기 전혀 적합하지 않은 밀림 한가운데에 욱스말이란 도시를 만들었을까? 작물을 기르기 어렵고 우기雨期면 몇 달간 끊임없이 비가

●**마추픽추Machu Picchu**
탐험가이자 역사학자인 히람 빙엄Hiram Bingham이 페루의 쿠스코시 북서쪽에 위치한 안데스산맥 가운데 우루밤바Urubamba 계곡에서 1911년 발견한 잉카제국 최후의 유적지인 고대 도시유적을 말한다.
15세기 잉카제국에서 건설된 것으로 알려진 이곳은 현지어로 '늙은 봉우리'를 의미하는데 흔히 '잉카의 잃어버린 도시', '공중의 누각'으로 불린다. 아직 밝혀지지 않은 수수께끼가 많은 유적은 3m씩 오르는 계단식 밭이 40단이 있어서, 3,000개의 계단으로 연결되어 있다. 유적의 면적은 약 13km²로, 돌로 지어진 건물의 총 갯수는 약 200호 정도 된다. 약 1,200명의 사람들이 살았던 것으로 추정되는 마추픽추에는 커다란 층계와 높은 방호벽, 사원, 탑 그리고 종교적인 건물들이 있다. 그리고 열대 산악림대의 중앙에 위치하여 식물의 다양성이 풍부하다. 행정상으로는 쿠스코와 같은 지역에 속해 있다. 현재 페루에는 10개의 유네스코 세계유산이 있는데, 마추픽추는 1983년 최초로 쿠스코와 동시에 지정되었다. 2007년에는 《새로운 세계 7대 불가사의》 중 하나로 선정되었다.

치첸이트사의 매머드급 피라미드, 카스티요 신전. 4면의 계단이 모두 91개씩 있고 제일 꼭대기로 올라가는 계단이 1개 있다. 모두 합하면 365개, 1년에 해당한다.

내리며 웅덩이의 벌레들이 수없이 많은 전염병을 퍼뜨리는데다 맹수와 독충마저 우글거리는 위험천만의 정글에다 왜 삶의 터전을 만든 것일까?

혹시 남아메리카의 사라진 문명 '잉카'가 중세 스페인의 무적함대를 피해 고산지대에 '마추픽추'를 만들며 결사의 마지노선을 쌓은 것처럼, 마야에게도 뭔가 두려움의 존재가 있었고 그들을 피해 누구도 생각지 못할 오지로 숨어든 건 아닐까.

밀림 속 욱스말의 마야가 사라질 무렵 유카탄반도의 중앙 석회암지대엔 새로운 유적지 '치첸이트사'가 세워졌다. 약 8,000만제곱미터(2,400만 평)

여자수도원. 실제 용도는 신관이 머물거나 종교의식을 치르던 곳인데 겉모습이 여자수도원과 흡사하다고 하여 붙여집 이름이다. 조그마한 조각장식 하나도 놓치기엔 아깝다.

면적에 종교의식을 행하던 곳이다. 대표적인 유적은 높이 25미터의 매머드급 피라미드인 '카스티요 신전'. 건축연대를 추정해보면 서기 9백년쯤이다. 지금으로부터 약 천백년 전, 돌을 쌓아 그렇게 거대한 신전을 만들었다는 게 기이하다. 안으로 들어가면 지구의 공전주기에 맞추어 전체 계단의 숫자를 365개로 한 것에 다시금 놀란다. 당시 천문학이 현대에 버금가는 수준이었음을 짐작케 하는 대목이다. 마야의 그러한 미스터리는 이제 인류가 풀어야할 숙제로 남았다. 세계 7대 불가사의의 하나로서.

치첸이트사는 이전의 마야와는 다른 새로운 역사를 새겼다. 해마다 한 사람씩 죽여 신에게 제물로 바치고 그의 해골을 판에 찍어 유적 벽면에 붙

314

인 것이다. 제물로 바칠 인물은 지금의 축구와 비슷한 경기를 통해 결정했다. 유적의 한 쪽 벽면에 축구골대 넓이로 구멍을 뚫고 길이 165미터 경기장에서 팀당 7명씩 선수를 편성해 작은 고무공을 이리저리 패스하며 골대에 집어넣는 '펠로타'라는 공놀이가 그것이다. 선수들은 갑옷과 투구를 걸치고 마치 전사처럼 경기에 임했고 이긴 팀원 중 가장 건강한 사람의 심장을 신에게 바쳤다. 이 대목에서 다시 의문. 마야는 왜 밀림에서 벗어난 이후 종교의식에 매달렸을까? 다른 전설이나 신화에서 보듯이 제물로 예쁜 처녀를 바치지 않고, 가장 건강한 사람의 심장을 올린 이유는 또 무엇인가? 혹시 인류의 힘으로는 어쩔 수 없는 불가항력의 적에게 패한 뒤 항복의 조건으로 건장한 청년을 바쳐야 했으며, 또 그러한 상황을 역전시키려 신에 의탁해 승리를 기원한 건 아닐까.

　당시 사람들은 제물이 되는 것을 가장 큰 영광으로 생각해서 경기에 이기려 혼신의 노력을 다했다고 한다. 치첸이트사의 유적들은 골대를 걸었던

수공예품 직물들을 한아름 안은 채 팔고 있는 원주민 소녀들, 거리의 악사, 직물에 그림을 그리고 있는 남자

구멍과 맞은편 벽면에 새겨진 경기장면을 통해 당시 모습을 제법 생생하게 전하고 있다. 거의 모든 마야 유적지에서 이러한 경기장이 발견되는데   그 중에서 가장 큰 것이 치첸이트사이다.

2004년 12월 말 멕시코에 갔을 당시, 한 교회에서 있었던 크리스마스행사▶

욱스말과 치첸이트사로 이어지던 마야가 멸망한 원인에 대해서는 의견이 분분하다. 스페인과 멕시코 외부세력의 침입을 꼽는 학자들이 주류다. 도시를 중심으로 급작스럽게 인구가 늘자 척박한 땅마저 개간하기 시작하면서 병충해가 증가하고 면역력이 약화돼 근세유럽의 흑사병처럼 대규모로 병사했다는 주장도 있다. 이 밖에 무분별한 산림벌채와 화전으로 환경이 악화돼 더 이상 먹고살 수 없게 되자 딴 곳으로 대이동했다는 견해도 있다.

멕시코의 밤거리. 연말이라 이런저런 공연이나 분장을 한 모습으로 크리스마스의 분위기가 느껴진다.

　마야의 멸망원인은 다양하지만 그 무엇도 확실치 않다. 다만 한 가지 분명한 건 마야의 거대한 유적과 유물이 그대로 남았음에도 그들이 어떻게 살았으며 왜, 어디로 사라졌는지는 아무도 모른다는 것이다. 이것은 그들의 뒤를 이은 스페인이나 멕시코인들이 그들의 흔적을 보전하고 지키기보단 약탈하고 빼앗고 파괴하는 데 더욱 주력했기 때문이다. 그들의 삶을 추측할 수 있는 흔적들은 대부분 후대에 의해 사라지거나 부서졌다.

　무분별한 식민지 개척과 금광전쟁, 나아가 일부 국가의 제국주의 야망이 수천년을 이어온 마야를 송두리째 없애버린 건 인류의 엄청난 손실이 아닐 수 없다. 마추픽추의 잉카와 더불어 인류는 그렇게 두 개의 문명을 잃었다.

Part 1 El Condor Pasa(콘도르는 날아간다)

당신의 삶이 아름다울 때
음악의 향기를 만나라.
마추픽추의 사나운 독수리를 다스리며
가슴은 치유해주는 라틴의 힘은
수없이 힘든 날들을 추억으로
만들어 주었다.
구름도 세월도 가버렸는데
무엇으로 사랑을 구할까
잉카인들은 하늘을 우상으로
독수리를 통해 조상들을
하늘로 보낸다.
사람의 영혼을 전달하는
하나님의 심부름꾼 Condor

Part 2 El Condor Pasa(콘도르는 날아간다)

서슬퍼런 에스파냐의 칼바람을 피해
떠돌이 잉카인은 우루밤바강을 따라
어디론가 사라졌다.

해가 뜨고 달이 지고 바람이 불어
세월은 속절없이 흘러가고

마추픽추 꼭대기의 마지막 왕국은
지금은 폐허가 되어
바람만이 남았다.

인디헤나의 한을 품은 콘도르는
마추픽추 하늘 위를 정처없이 떠돌고

구천을 떠도는 영혼의 울림이
엘 콘도르 파사의 선율에 실려
내 귓가에 맴돈다.

세계에서 신비스러운 수수께끼의 문명을 들라면 많은 고고학자들은 바로 마야문명을 지목한다. 그리고 최근에는 서력 2012년 12월 21일로 끝나는 달력에 의미를 두며 종말론이 확산되어 유명세를 타기도 했다. 마야문명은 중앙아메리카의 중심부인 현재의 멕시코, 벨리즈, 과테말라, 온두라스, 엘살바도르에 걸쳐 있었으며 자연적인 지형에 의해 세 지역으로 나뉘어져 있다. 하나는 광대한 열대림으로 덮힌 페텐 지구, 다른 하나는 우수마신타 분지와 파시온강 지구, 나머지 하나는 유카탄 저지대 지구이다. 그 면적은 남한의 3배인 약 30만㎢이다.

BC 2,500년경에 시작된 것으로 추측되는데, BC 300년까지는 형성기였으며 AD 68년경에 이미 지금의 온두라스에 우와하쿠톤이라는 도시를 지었고 이후 인근의 페텐, 특히 티칼로 도읍을 옮기면서 전성기를 맞아 그곳에서 5세기 초까지 거주했다. 이후 마야족은 도읍을 건립했다가 버리고 또 건립했다가 버리는 일을 되풀이했고, 이 고전시대는 9세기 말까지 이어진다. 한편, 유카탄에서는 5세기부터 도시가 나타나기 시작했으며 150년 후 문예부흥이 일어나고 유카탄 도시들이 페텐의 고전문화를 물려받는다. 이 유카탄의 마야문명은 8~9세기에 전성기를 구축한다.

마야문명 중 가장 놀라운 것은 그들이 도시를 건설한 곳이 그야말로 인간이 살기에는 아주 부적합한 열대우림 속이라는 것이다. 고대문명의 특징을 살펴보면 대부분 비옥한 토지를 배경으로 했다는 것이 공통점인데, 왜 그토록 척박한 밀림 속에 그토록 웅장한 건축문화를 건설했는지 지금은 설명할 수 없으며, 더욱 이해할 수 없는 것은 그들이 세계의 중심지라고 믿었던 팔렌케조차 9세기부터 방치된 것은 물론 마야문명을 구성했던 사람들조차 완전히 사라졌다는 것이다

더욱 의구심이 드는 점은 사라지기 전까지 그들이 이뤄놓은 과학적이고 정교한 천문, 역법, 수학, 미술, 공예에 관련된 지식과 문화다. 드레스덴 사본Dresen Codex에는 일식, 월식 예보와 금성의 삭망朔望 주기를 비롯해 매우 정확한 천문 계산법이 실려 있다. 현재 1년의 정확한 길이는 365.2422일인데 마야인들은 356.2420일로, 또 29.53095일인 보름달의 간격을 29.53020일로 계산한 것은 물론, 금성의 공전주기를 하루에 12초의 오차내로 계산해내는 놀라운 과학기술 수준을 가진 문명이었다. 그리고 그들은 아메리카 대륙에서 유일하게 완전한 표기법을 갖춘 고유문자를 가지고 있었다. 그것은 소리글자와 뜻글자가 복잡하게 뒤섞인 형태로 1,000여 개의 문자를 사용했는데 오늘날 그 일부가 해독되었으며, 그들이 남긴 기록의 뜻을 대체로 파악하게 되었다. 마야에는 수천 권의 책이 있었다고 하나 지금은 4권만이 전해진다. 대부분의 글자는 건축물이나 비석, 조각에서 발견된다. 이렇게 고도의 문명을 뽐내던 마야문명의 최후는 풀리지 않는 수수께끼다.

또, 그들이 세운 거대한 석조 건축물의 비밀. 그들이 세운 건축물은 인근 어느 민족보다도 뛰어났고 규모도 컸다. 페텐의 밀림 속에 있는 티칼은 신대륙 최대의 유적이며 마야 최고의 대도시다. 그곳에는 신전, 궁전, 승원僧院 등 석조 건축물이 무려 1㎢당 약 200개의 비율로 3,000개 이상이나 된다. 피라미드 하면 우리가 흔히 떠올리는 이집트의 것과는 외견상 다른데, 마야의 피라미드에는 맨 위에 제단이 있으며, 각 면마다 91개의 계단이 있는 것이 큰 차이점이다. 이렇게 거대한 건축물을 건설하면서도 마야인들은 도시와 밀림을 연결하는 포장도로도 만들지 않았으며 또한, 수레바퀴의 사용법을 알고 있었음에도 바퀴를 사용하지 않고 그들이 직접 그 많은 자재를 운반했다고 한다.

마야의 수정 두개골은 마야문명을 미스테리하게 만드는 결정적 증거물 중의 하나다. 1927년 영국 프레드릭 미첼–헤지Frederick Albert Mitchell–Hedges 박사가 마야 고대도시 루바안탄 유적에서 처음 발굴했다. 이 수정 두개골은 여자머리를 완벽하게 재현했으며 단 한 개의 수정으로 만들어졌다. 무게는 약 5kg이고 영어로는 Skull of Destiny(운명의 해골)라고 부르는 이 두개골은 현대의 과학기술로는 설명할 수 없는 정밀가공기술을 담고 있어 궁금증만 증폭시키고 있는데, 이 해골의 신비한 점은 제단 위에 올려놓고 밑에서 불을 피우면 그 빛이 눈으로 반사되어 마치 눈이 불타고 있는 것처럼 빛나게 할 수 있는 것이다. 또 아래턱을 상하로 움직일 수 있으며 입을 닫기도 하고 벌리기도 할 수 있는 특징을 가졌다. 도대체 이 두개골은 무엇에 쓰인 것일까? 여러 추측이 난무하는데, 13개가 모이면 마야문명이 부활할 것이라는 전설도 있다. 현재까지 발견된 것은 11개.

마야달력 쫄킨Tzolkin과 종말론

마야인들은 3세기경부터 이미 0을 포함한 20진법의 숫자체계를 갖고 계산했다. 0의 사용은 인도보다는 3백년, 아라비아 상인보다는 7백년 정도 앞선·것이라 놀라움은 가중된다. 종말론에 있어 가장 핵심적인 마야달력 쫄킨Tzolkin을 미국의 역사학자 호세 아구레스Jose Arguelles 박사가 그의 저서 《마야인의 원동력, 기술 저편의 길》에서 이렇게 해석한다. '우리 태양계가 BC 3113년부터 AD 2012년까지 5,200년 대주기로 은하계를 운행하고 있다'는 전제로부터 시작한다. 대주기 동안 지구는 태양계와 더불어 은하의 중심에서 나오는 은하광선을 가로질러 이동한다고 한다. 즉 지구가 이 은하광선을 횡단하는데 5,125년이 걸린다는 것. 마야인은 이 은하광선을 횡단한 후에 태양계는 근본적인 변화를 겪을 것이라 믿고 있었는데 이 변화를 '은하계에 동화'라고 불렀으며 그들은 대주기를 13단계, 그 단계를 다시 20개의 시기로 세분했으며 각 시기는 20년간이다. 1992~2012년까지 20년간 지구는 대주기의 마지막 시기로 이 기간을 '은하계에 동화' 직전의 아주 중요한 기간으로 믿었으며 이 기간을 지구재생기간이라 명명했다고 한다. 이때 지구는 완전한 자기정화를 달성할 것이며 이 재생기간 이후에 지구는 은하광선 경계를 넘어서 '은하계에 동화'라는 새 국면에 들어갈 것이라고 했다. 마야인들의 치밀한 계산법을 생각하고 태양계가 아니라 은하계의 움직임을 말하고 있어서 현재의 과학수준으로는 해석할 수 없는 문제이기도 하지만, 노스트라다무스 때처럼 최근 들어 많은 이들에게 회자되고 있다.

그리고 학자들에 의하면 고대 마야인들은 약 3차례에 걸친 지구의 정화설을 믿었다고 하는데, 이는 인류의 무리한 행동이 극에 달하면 신에 의해 정화된다고 하는 것.

이것은 마야인의 중요한 믿음 중 한 가지였다고 한다. 이미 두 차례의 정화가 있었고 마지막 정화가 2012년에 일어난다는 것이다. 2012년의 종말론 바람을 타고 다양한 예언들이 최근 들어 속속 추가되었다. 그 중 하나는 2007년 미국 히스토리 케이블채널에서 방영된 내용으로 대예언가 노스트라다무스의 숨겨진 예언서가 발견됐다는 것. 사후 400년이 넘은 지금도 대예언가로 불리는 그의 독특한 4행시와는 달리 그림으로 표시되어 있으며, 그것은 지구 대재앙의 해로 2012년을 가리킨다고 해석하고 있다. 또 9.11 사건을 예측해 유명해진 바 있는 WEB.BOT'이라는 프로젝트는 인터넷상의 수많은 자료들을 검색하고 분석해 미래를 예측하는 시스템인데, 이것이 2012년의 키워드로 태양이 뜨거움, 자외선, 멸망, 지구를 나타냈다고 한다.

과학계의 경고도 있다. 미국 NASA에서 초강력 '태양폭풍'을 경고한 해도 2012년이며, 1859년 태양폭풍보다 더 큰 피해의 우려가 있다고 경고한 바 있다. 1859년 발생한 태양폭풍으로 유럽과 미국의 전선들이 누전을 일으켜 많은 곳에서 화재가 발생했다. 하지만 나사가 발표한 2012년의 태양폭풍은 이보다 더 큰 막대한 피해를 입힐 수 있다는 주장이다. 또 물리학 전문가인 그렉 브레이든은 자기장의 역전현상을 통해 지구에 큰 재앙이 닥칠 수 있다고 경고하기도 했다. 지구 자기의 강도는 2000년 전 최대치에서 계속 감소해 현재 38%가 줄어든 상태라며 생명체의 신호체계 역할을 하고 있는 자기장이 변화하면 인간을 포함한 생물의 뇌구조와 신경계, 면역체계, 인지능력 등에 큰 영향을 미칠 것이라는 설명이다.

7만3000년 전 대지진과 함께 폭발해 전 세계 인구의 90%가 사망하고 전 세계 기후를 변화시킨 것으로 알려진 수마트라 화산 폭발설 외에도 각양각색의 종말론들이 있다. 하지만 과거의 종말론 분위기와 현재는 사뭇 다르다. 과거의 신봉자들이 종교에 의지하거나 공포에 떨었다면 현재의 사람들은 자신들을 '재앙을 준비하는 사람들'이라 생각한다. 다만 이러한 예언들이 활발히 전파되는 이유는 지구인들 스스로가 환경과 자연에 대한 우려 섞인 걱정들과 같이 퍼져나간다는 것이다.

2010년 과테말라 국적의 마야 인디언 장로인 아폴리나리오 픽스툰은 "세상의 종말에 대한 광적인 질문세례에 지칠대로 지쳤다. 최후의 날 이론은 마야인들의 생각이 아니라 서양에서 만든 것"이라고 일축했다.

벨렘의 아침

뜨거운 햇살 사이로
벨렘의 분주한 아침이
시작된다.

썩은 웅덩이가 되어버린
아마존 강물의 악취는
내 오감을 괴롭힌다.

사람이 살 수 없는 곳이 어디 있으랴만
썩어빠진 물에 사는 인디헤나는
전깃불에 달려드는 부나비처럼
문명의 마약에 길들여졌다.

판자를 덧대 만든 수상가옥에는
버둥대는 인디헤나의 삶이 묻어 있고

질퍽거리는 진창 구덩이 위에
장터가 열리면
썩은 쓰레기 더미에 익숙해진
벨렘의 인디헤나는
좌판 위에 구질구질한 삶들을 널어놓고
손님을 불러모은다.

젊은이들이여!
이스라엘 '키부츠'에서 희망을 발견하라

키부츠에서 '발런티어'로 일하고 있는 김용석 학생이
세계 각국에서 온 학생들과 포즈를 취하고 있다.

추억

솔밭 속에서
나는 노래를 부릅니다.
그 노래는
솔밭 속에 묻혀버렸습니다.
어디에 있는지
다시 찾을 수가 없습니다.
어느 날
친구를 만났습니다.
그 친구의 가슴속에
그 노래가 남아 있었습니다.
기억은 잊을 수는 있어도
고칠 수는 없음에

왜, 이스라엘 '키부츠 발런티어'를 말하는가

하지연 양은 이스라엘에서 대학을 다니고 있는 학생이다. 부산 북구청에 근무하는 하상훈 선생의 딸로 원래는 한국해양대학교를 다니던 평범한 여학생이었다. 선생은 부산인재개발원에서 '음악이 있는 세계문화기행'이라는 나의 강의를 듣고 지연 양을 이스라엘 키부츠로 보내기로 결심했다고 한다.

키부츠는 구성원들끼리 모여 살아가는 이스라엘의 생활공동체다. 19세기 말 유럽의 유대인들은 살던 곳으로 돌아가 나라를 되찾자는 시오니즘● 운동을 벌이며 지금의 이스라엘로 모여들었다. 하지만 2천 년 동안 나라를 잃고 전 세계로 흩어진 유대인들이 제2차세계대전 이후 다시 찾은 고향은 팔레스타인인이 정착해 있었다. 이 땅을 되찾기 위해, 그리고 나아가 황량한 황무지를 개척하기 위해선 함께 힘을 모아야 한다는 사실을 깨달았다. 이 과정에서 생겨난 것이 키부츠다.

유대인들에겐 자신들의 터전인 사막을 개척하고, 공동체생활을 유지하기

324

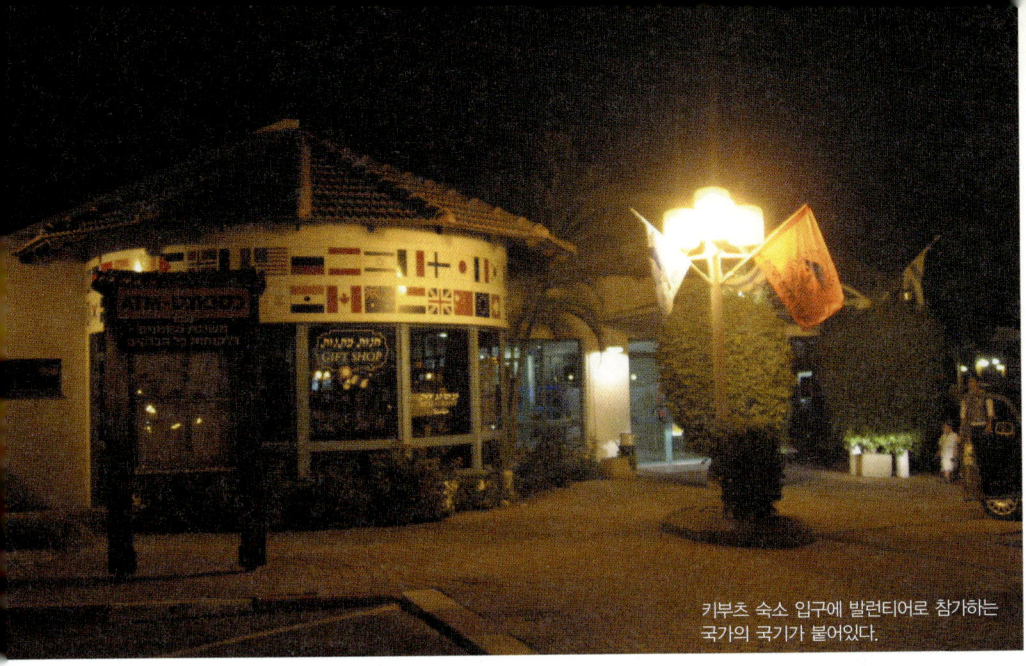

키부츠 숙소 입구에 발런티어로 참가하는 국가의 국기가 붙어있다.

위해서는 많은 일손이 필요했다. 여기에 세계 각국의 젊은이들이 자원봉사로 참여하게 되는데 이들을 '키부츠 발런티어Volunteer'라고 한다. 지금은 완전히 정착하여 황무지를 개간하는 일은 드물지만 공동체생활을 하면서 필요한 인력들을 발런티어로 충원하고 있다.

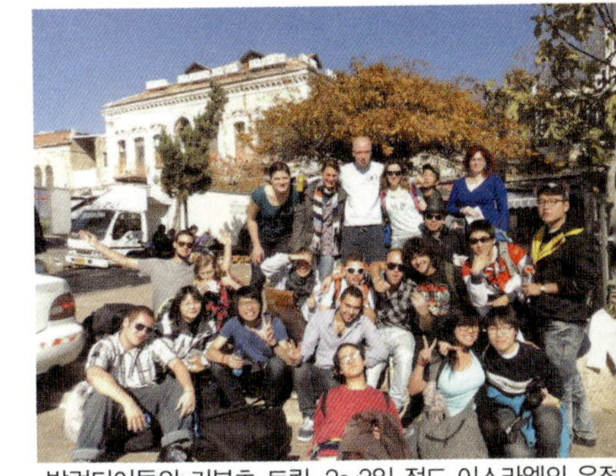

발런티어들의 키부츠 트립. 2~3일 정도 이스라엘의 유적 박물관을 견학하는 여행으로 키부츠에서 제공한다.

참가자격은 만 18세에서 35세의 건강한 남녀는 누구나 가능하고 간단한 생활회화 능력만 있으면 된다. 봉사기간은 최소 2개월에서 6개월까지 가능한데, 2개월이라는 시간

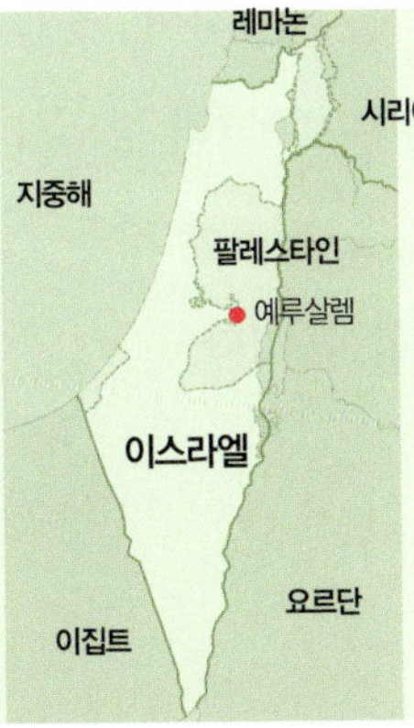

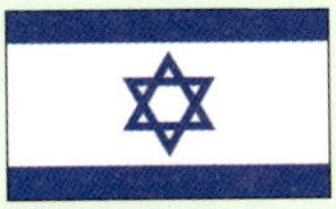

● 이스라엘[Israel] – 지중해 동쪽 끝, 중동 국가

공식명칭 이스라엘국(State of Israel) **인구** 7,473,052명 **면적** 20,770km²
수도 예루살렘 **정체 · 의회형태** 공화제, 다당제, 단원제
국가원수/정부수반 대통령/총리 **공식언어** 히브리어, 아랍어
독립 1948.05.14 **화폐단위** 신셰켈(New [Israeli] sheqel/NIS)
종교 유대교 75.6% **이슬람** 16.9% **1인당 국민소득** $29,800, 46위

8시간 정도의 근로시간이 끝나면 나머지는 자유시간. 발런티어들끼리
취미 생활을 즐기기도 한다. 노트북으로 영화를 감상하는 발런티어들

▲ 키부츠의 스포츠 시설도 자유롭게 이용한다.
▲ 파티장에서 저녁식사 중인 발런티어들

은 키부츠에 잠시 머물다 가는 게 아니라 고정적인 노동력을 제공받아야 하기 때문이다. 이스라엘에 도착해서 3개월 입국비자를 받으며, 1회에 한해 3개월 연장할 수 있다.

봉사자는 하루 7~8시간 주 6일 일하며 매달 2~3일의 휴가도 얻을 수 있다. 키부츠에 따라 주 5일 봉사에 휴가를 주지 않는 곳도 있고, 이스라엘의 유적지나 박물관을 무료로 방문하는 발런티어 트립을 진행하는 곳도 있다. 키부츠에서는 숙식을 제공하며, 곳에 따라 차이는 있지만 월 70~150달러 정도의 용돈도 지급한다. 수영장을 비롯한 각종 스포츠시설도 무료로 사용할 수 있다.

봉사자는 키부츠에서 운영하는 과수원, 정원, 식물원, 농장, 목장, 양계장, 공장, 호텔, 유치원, 상점, 식당 등 다양한 곳에서 일하는데 한 곳에만 계속 있는 것이 아니라 며칠, 몇 주 간격으로 옮겨가며 다양한 일을 할 수도 있다. 매주 토요일과 공휴일은 휴일이며 근로시간 외에는 모두 자유시간으로 외출도 가능하다. 키부츠 프로그램의 장점 중 하나는 저렴한 비용으로 해외체험이 가능하다는 것이다. 사람마다 씀씀이가 다르지만 공식적인 비용만 놓고 볼 때 왕복 항공료만 있으면 된다. 노동을 제공하고 숙식과 용돈을 지급받기 때문에 생활하는 데 큰 비용이 들지 않는다. 물론 인근 국가로의 배낭여행을 생각한다면 이야기가 다르지만.

영어를 목적으로 하는 것도 좋다. 세계 46개국 젊은이들이 참가하다보니

요츠바타 키부츠의 수영장

당연히 영어를 사용하게 된다. 그래서 한국 키부츠센터에 신청할 때는 간단한 인터뷰 심사를 한다. 영어를 너무 모르면 공동체생활에 어려움이 있으므로 적어도 자신의 의사표현 정도는 가능한 회화실력이 필요하다. 이스라엘 사람들도 제2 외국어로 영어를 사용하기 때문에 영어가 가능하면 생활에 큰 불편은 없다. 우리나라의 경우 학창시절 동안 영어를 공부해도 늘 부족함을 느끼는데, 키부츠에 머무는 동안 일상생활에서 영어를 사용함으로써 그 두려움을 없애고, 스스로 공부할 수 있는 방법을 터득할 수 있다.

가장 큰 장점은 세계 각국의 친구를 사귀고, 지구촌 네트워크를 형성할 수 있다는 것이다. 인터넷과 통신의 발달로 지역적인 국경은 의미 없는 시대가 된 지금 젊은 시기에 만들어놓은 글로벌 네트워크는 큰 재산이 될 것이다. 좁은 땅덩어리에서 대학을 졸업한 우수한 인재들이 좁은 취업문을 뚫기 위해 아옹다옹 싸울 것이 아니라 더 넓은 무대를 바라보아야 한다.

유치원, 초등학교, 중학교, 고등학교, 대학교까지 같은 학업과정을 거치며 주변의 비슷한 또래와 수준의 학생들과만 비교를 하다보니 한국의 학생들은 자신의 위상을 스스로 깨닫지 못하고 있다. 같은 시대를 살고 있는 다른 나라의 젊은이들은 어떤 생활을 하고, 어떤 생각을 하며, 어떤 꿈을 꾸는지 알아볼 필요가 있다. 키부츠를 다녀온 제자의 이야기를 들어보면 한국학생들은 영어는 조금 약하지만, 컴퓨터 활용능력이나 성실성, 책임감 그리고 한국인의 끈끈한 정 때문에 키부츠 내에서도 대우를 받는 편이라고 한다. 한마디

로 인기가 있다는 것이다. '난 이래서 못해, 저래서 못
해'라고 부정적인 생각만 가질 것이 아니라 더 넓은 세
상에서 자신의 위치를 확인해보고 앞날을 설계하는 것
이 필요하다는 것이다.

앞서 소개했던 하지연 양은 키부츠에서 6개월을 보
낸 후 40여 일 동안 배낭여행을 하고 다시 키부츠로
들어갔다. 그렇게 새로운 친구들을 사귀고 소중한 경
험들을 쌓은 후 한국으로 돌아와서는 복학을 미루고,
이스라엘의 명문 테크니온 공대에 입학신청을 했다.
그리고 지금은 한국 학생으로는 최초로 테크니온 공
대에서 미래를 준비하고 있다.

* 본문 키부츠 관련사진들은 최근 키부츠를 다녀온 학생들에게 제공받았습니다.

"팔레스타인에 유대인 국가를 건설하자!"
유대인 민족해방운동의 모토 '시오니즘'

시오니즘 또는 시온주의는 팔레스타인 지역에 유대인 국가를 건설하고자 하는 일종의 민족주의 운동이다. '테오도르 헤르츨 시온주의'가 등장하기 전 나폴레옹은 1799년 팔레스타인 지역에 유대인들을 위한 나라를 건국하자는 제안을 했고, 빅토리아 여왕과 미국 대통령 우드로 윌슨, 존 아담스도 시오니즘을 지지한 적이 있다. 1894년 프랑스에서 발생한 '드레퓌스 사건'은 유대인들에게 충격을 주었으며, 이 사건을 지켜본 유대계 오스트리아인 기자 테오도르 헤르츨(Theodor Herzl 1860~1904)은 사실 시오니즘을 반대하던 사람이었으나 이 사건 후 옹호하게 되었다. 그의 유토피아적인 정치소설 《유대인 국가》(1896)와 《오래된 새로운 땅》(1903)은 시오니즘을 확산시키는 결정적 요소로 작용했고, 1897년 헤르츨은 스위스 바젤에서 제1차 시오니스트회의를 소집하여 바젤계획안을 작성, 이 회의는 1901년까지 5차례 개최되면서 규모가 커지기 시작했다. 그후 오스트리아 및 독일의 유대인들에 의해 시오니즘이 주도되면서 유대인 조직은 전세계로 확장되고 관련 연설 및 안내책자, 여러 언어로 발행되는 신문 등을 통해 선전활동을 적극 전개했다. 1905년 러시아혁명이 실패하고 유대인 학살이 뒤따르자 러시아에 머물던 유대인들이 선구자가 되어 팔레스타인으로 이주하기 시작, 1914년에는 그 숫자가 9만 명에 이르렀다.

정치적 시오니즘의 창시자
테오도르 헤르츨

제1차세계대전이 발발하자 정치적 시오니즘이 다시 주창되면서 영국에 거주하는 유대인들이 주도적 역할을 했다. C.A.바이츠만과 N.소콜로 같은 유대인은 1917년 11월 2일, 팔레스타인 내 유대민족국가 건설에 대한 영국의 지지를 약속하는 '밸푸어 선언'을 얻어내는 데 지대한 역할을 했다. 이로써 팔레스타인의 도시 및 농촌에는 유대인 정착촌이 건설되었고, 유대인 자치조직을 이룬 시온주의자들은 그들 고유의 문화생활과 헤브라이어 교육을 더욱 강화했다. 1925년 3월 당시 팔레스타인 내 유대인수는 공식적으로 10만8천 명에 이르렀고, 1933년에는 23만 8천 명으로 증가했다.

아랍인들은 팔레스타인이 유대인 국가로 변해가는 것을 우려하여 시오니즘을 지원하는 영국정책에 강력 반발하고 나섰고, 이에 영국은 아랍과 시온주의자들의 조정을 위한 계획을 마련해야 했다. 히틀러주의가 대두되고 그에 의한 유대인학살이 감행되자 유대인들은 팔레스타인을 비롯 시오니즘을 옹호하는 미국으로 이주했다.

아랍인과 시온주의자들 간의 긴장이 고조되자 감당이 되지 않던 영국은 이 문제를 미국과 협의했고, 나중에는 국제연합에 일임했다. 1947년 10월 27일 국제연합은 팔레스타인을 아랍국가 및 유대국가로 각각 분할할 것과 예루살렘을 국제화할 것을 제안, 드디어 1948년 5월 14일 이스라엘 국가가 정식으로 성립되었다. 그러나 1948~1949년 아랍·이스라엘 전쟁이 발발했고, 그 결과 이스라엘은 국제연합의 결의에 따라 제공받은 땅보다 더 많은 부분을 아랍으로부터 획득했다.

결국 제1차 시오니스트회의 이후 50년이 지나, 또한 밸푸어선언 이후 30년 만에 시오니즘은 팔레스타인에 유대국가 건설목표를 달성했다. 그후 20여 년에 걸쳐 세계에 흩어져 있는 시오니즘 조직들은 이스라엘에 재정적 지원을 했고 유대인의 팔레스타인 이주를 장려하게 되었다.

이러한 과정을 겪으면서 시온주의에 대한 개념도 좀더 확산되어 나갔다. 주로 이스라엘을 추종하는 사람들을 가리킬 때 쓰이지만 좀더 상반된 다양한 개념, 이를테면 종교적 시온주의, 노동 시온주의, 수정주의적 시온주의 등의 개념을 적용할 때도 쓰인다. 반유대주의자들은 반유대주의를 정당화하거나 유대인들을 비하할 때 '시온주의'를 사용하기도 한다. 시온주의를 '디아스포라 민족주의'라고도 하는데, 팔레스타인 밖에 살면서도 유대교적 종교규범과 생활관습을 그대로 유지하며 민족해방을 지향하는 유대인들의 시오니즘이 있었기에 이스라엘 건국이 가능했던 것이다. 유대인들 대부분은 시오니즘을 지향했지만, 그렇다고 모두가 그것을 추구한 것은 아니었다. 이스라엘이 건국되기 전 인간의 손으로 이스라엘을 재탄생하는 것은 신을 향한 죄라고 생각하며, 유대국가를 유대인 스스로 실현하는 것이 비윤리적이고 비현실적이라는 이유에서 시오니즘을 반대한 유대인들도 있었던 것이다.

"젊은이들이여, 실천하는 사람은 인생이 달라집니다!"
"덕분에, 새로운 세계를 발견했습니다!"

에델바이스

눈바람 아직 쌀쌀한 속에
에델바이스가 봄소식을 전한다
따뜻하면 무슨 꽃이 못피리
홀로 피는 그 마음 짙은 향기 피누나
꽃송이는 작고 빛깔은 얕아도
그 향기는 짙은 것
당신은 영화를 싫어하고
마음속에 에델바이스만 피운다.

이스라엘 요트바타 키부츠Yotvata kibbutz에서 발런티어로 일하고 있는 학생입니다. 어제는 제가 이 키부츠에서 일을 시작한 지 3개월째 되는 날이었습니다. 여태까지 찍어온 사진이나 간단하게 써온 일기들을 살펴보니 제가 그동안 이곳에서 적응하며 많이 변화되었다는 사실을 느끼게 됩니다. 단지 3개월뿐이지만 그동안을 한국에서 지냈다면 예전과 다름없이 그냥 공부만 하는 다른 학생들과 같은 삶을 살았을 것입니다.

저의 변화에 대해 잠시 말씀 드리자면 기본적으로 외국인 친구들과 함께 살면서 영어에 대한 자신감이 많이 늘었다는 점입니다. 예전에는 뭔가 말을 하려면 머릿속으로 단어를 조합하고 이게 맞는지 다시 한 번 확인을 거친 후 얘기하곤 했습니다. 그러다보니 처음 이곳에 와서도 2~3주간은 친구들과 대화를 이어나가는 데 많은 시간이 걸렸습니다만, 한 달 정도가 지나니 마치 우리나라 말을 하듯 자연스럽게 대화를 이어나갈 수 있게 되었습니다.

독일친구 올리버Oliver

그 다음으로는 제 직업으로 보나 인생으로 보나 굉장히 중요하다고 할 수 있는 다른 나라의, 특히 서양문화를 습득할 수 있었다는 사실에 마음이 뿌듯합니다. 교과서로만 봐오던 서양의 개인주의문화에 대해 확실히 알 수 있는 계기가 되었습니다. 요전에 아버지께서 한 프로그램에 나오는 외국인이 한국인의 정이 넘치는 모습에 반해 이민을 왔더라는 말씀을 하셨습니다. 우리나라에서는 당연한 것이 외국인에게는 그들 마음을 움직이는 어떤 힘으로 작용한다는 점이 놀라웠는데, 이곳에 와서 다시 한 번 절실히 느꼈습니다.

예루살렘 관광조

어느 날 독일에서 온 Oliver라는 친구가 1주일 동안 일을 못할 정도로 많이 아팠습니다. 그렇게 아파 누워 있는 사이 매 끼니마다 음식도 갖다주며 챙겨주곤 했는데, 그 친구가 완쾌되고 나서 제게 하는 말이 그동안 자기가 아플 때 그렇게까지 챙겨주는 사람이 없었다면서 정말 고맙다는 말을 건넸습니다.

그리고 또 한 번은 친구들과 크리스마스에 예루살렘 여행을 갔던 적이 있는데 약 25명 정도가 여행을 가서 2개 조로 나뉘어 움직였습니다. 저는 예루살렘 '올드시티Old city'를 관광하는 조에 속해서 15명 정도 되는 인원과 함께 관광을 시작했습니다. 거의 3시간을 돌아다니면서 올드시티 안에 있는 '웨스턴 월Western Wall' 하나밖에 보지 못했습니다. 왜냐하면 친구들이 같이 다니다가 본인의 관심을 끄는 것이 생기면 일행에게 말도 하지 않고 이탈하여 제 볼일만 보는 친구가 있었기 때문입니다. 그 탓에 1시간 정도 관광을 하고 나머지 2시간은 친구들을 기다리는 일로 허무하게 소비하고 말았습니다.

일터에서 있다보면 외국친구들이 남들은 일하는데 혼자서 빈둥대거나 의자에 앉아서 쉬는 모습을 종종 볼 수 있습니다. 초반부터 줄곧 그렇게 행동하는 그 친구에게 너무 화가 나서 물어보니 "아무도 일을 주지 않는데 뭐 하러 찾아서 일을 하느냐"고 저에게 반문했습니다. 너무나도 어이가 없기에 "친구들이 일하는 게 보이지 않느냐"고 물어봤더니 "그건 너희들 일이지 내 일이 아니야"라는 것이었습니다. 더 이상 이야기를 해봐야 소용 없을 것 같아서 그만두고 먼저 와 있던 한국인 형에게 물어봤더니, 그게 저 친구들의 문화라는 것이었습니다. 그 전까지 한국사람들이 외국에 나가 일하면 정말 열심히 한다는 소리를 들을 때마다 그저 '우리나라 사람이 똑똑하니까'라는 식으로 넘겨버렸었는데, 직접 겪어보니 그건 성실성의 문제였던 것 같습니다.

제가 본 개인주의문화 중에 가장 멋지다고 생각한 것은 그 친구들의 자립심입니다. 스웨덴 친구인 마사Martha는 저보다 나이가 3살이 어립니다. 그 친구는 아버지가 25

년 전쯤 키부츠 봉사활동을 했다는데, 그 이야기를 듣고 인터넷을 통해 대화를 해봤습니다. 그 친구는 16세 때부터 아르바이트를 시작해 용돈을 스스로 벌어썼다고 했습니다. 저로서는 생각도 못했던 일이기에 너무나 놀라워 "어떻게 그렇게 했느냐"고 물어봤습니다. 그런데 더 놀라웠던 건 자신의 친구들도 다들 그렇게 해왔다는 것이었습니다. 키부츠를 떠난 이 친구는 1월 10일부터 의류공장에서 일을 시작한다고 합니다. 여행을 하고 싶은데 돈이 없어서 일을 한다는 것이었습니다.

부모님께 손을 벌리지 않고 그 어린 나이부터 스스로 돈을 벌어썼다는 말에 저보다는 어리지만 굉장히 배울 점이 많다는 생각이 들었고 제 스스로가 부끄러웠습니다.

세 번째로 드릴 말씀은 외국친구들과의 교류로 인해 얻을 수 있는, 문화적인 경험보다는 가치가 떨어진다고 볼 수도 있는 경제적인 측면의 이익입니다. 제가 여태까지 이곳에서 만나고 헤어진 친구들의 나라를 열거해보자면 스페인, 프랑스, 독일, 스웨덴, 덴마크, 헝가리, 네덜란드, 오스트리아, 남아프리카공화국, 이스라엘, 아르헨티나, 에티오피아, 에콰도르, 콜롬비아, 온두라스, 브라질, 미국, 캐나다, 일본, 타이완 등 총 20개국입니다. 현재 유럽여행 계획을 세우고 있는 중이라 유럽에 살고 있는 친구들에게 연락해 숙소문제 등을 알아봤더니, 자신의 집이나 친구들이 알고 있는 사람이 운영하는 호스텔 등을 알아봐주겠다는 친구에, 가이드를 해주겠다는 친구도 있고, 그 밖의 몇몇 친구들도 도와주겠다는 답변을 보내주었습니다.

아시다시피 유럽의 호스텔은 최소 20유로(약 3만 원)가량 하기 때문에 아무리 돈을 적게 쓰려고 해도 하루 5만 원 이상을 쓸 수밖에 없습니다. 이런 상황에서 친구들 집에 묵게 된다면 하루 식비와 숙박비를 절약할 수 있으니 이보다 더 좋을 수는 없다고 생각합니다. 또한 그 친구들이 가이드가 되어준다니, 제가 혼자 지도를 보고 길 찾는 시간을 절약할 수도 있기에 기차를 놓친다거나 하는 불상사를 줄일 수 있습니다. 한 스웨덴 친구는 제가 온다면 집에서 약 4시간 걸리는 스톡홀롬까지 마중나와 수도관광을 시켜주겠답니다. 게다가 저를 위한 파티까지 준비한다니 참 고마울 따름입니다.

이것이 제가 경험하고 느낀 바입니다. 물론 시간이 지나면 지날수록 그러한 느낌들은 더욱 많아지겠지요. 비록 발런티어로서의 조그만 경험이지만, 회장님의 강의자료로 유용하게 쓰이길 바랍니다.

2008년 6월 교수님의 〈음악이 있는 세계기행〉 강의 중 "자녀가 있는 사람은 키부츠로 보내라"는 그 말씀이 저와 제 큰딸 지연에게 인생의 전환점이 되었습니다.

아직도 제게는 교수님의 그 강의가 머릿속에 맴돌고 가슴에 그대로 남아 있습니다. 그때 교수님 제자가 교수님께 보낸 편지 중에 "키부츠를 알려주셔서 오늘날 새 세계를 발견했으며, 유럽의 대학에 입학하게 되어 그 고마움으로 흐르는 눈물을 주체하지 못한 채 이 글을 올린다"는 편지내용을 소개해주던 감동적 모습이 아직도 생생합니다. 또한 교수님의 젊은 시절 고생담과 좌절하지 않고 도전하여 성공하기까지의 인생역정은 우리시대에 진정 본받아야 할 표본이 아닐 수 없습니다. 교수님 강의를 듣는 순간 제 자식도 꼭 키부츠에 보내야겠다고 결심했습니다. 일단 저는 제 여식에게 키부츠의 자원봉사활동을 권유했습니다. 처음에는 반응이 별로 좋지 않았습니다. 아무런 준비 없이 혼자 외국에 나간다는 사실이 두려웠나 봅니다. 그리하여 우회적인 방법을 쓰기로 했습니다. 평소 이모와는 사이가 좋은 편이라 처와 이모의 합동작전으로 "외국에 나가 좋은 친구들을 사귀는 것도 네 인생에 있어 좋은 경험이 될 것이다. 영어공부에 대해 부담은 갖지 마라. 가벼운 마음으로 동시대를 같이 사는 다른 나라 젊은이들은 무슨 생각을 하고 있는지 아는 것도 중요하지 않겠느냐. 또 좋은 친구 만나면 대화도 많이 나눌 것이고 그러다보면 자연스럽게 영어회화 실력도 늘 것이다. 정 안 되면 바디랭귀지로 통하면 되니 문제없다"라고 설득하기 시작했습니다.

처음부터 6개월을 예상하고 2008년 11월 말부터 코리아키부츠와 접촉하며 서서히 그 계획을 구체화시켜 나갔습니다. 겨울방학 중 아르바이트도 하고 틈틈이 영어공부도 하면서 키부츠에 관련된 자료를 본격적으로 수집하여 2009년 1월 최종적으로 키부츠로 가게 되었습니다.

드디어 2009년 3월18일 인천공항에서 터키로 출발한 뒤 이스라엘에 도착해서 약 일주일 동안 대기하다가 키부츠에 배치를 받았습니다. 처음에는 세탁소에서 약 2개월간 빨래개기를 한 뒤 주방에서 3개월 정도 양파썰기를 했습니다. 월 보수는 약 800쉐켈(한화 24만원 정도), 식사는 매끼 돈을 지불하는데 1개월에 약 400쉐켈 정도 든다고 합니다. 처음에 키부츠에는 영국, 미국, 네덜란드, 프랑스, 독일, 콜롬비아 등 다양한 나라의 발런티어들이 있었고 2~3개월 단위로 바뀌었는데, 제 여식은 영국인 남자친구를 사귀어 영어가 많이 늘었다고 합니다. 키부츠에서 약 6개월 동안 다른 나라 친구들과 바비큐파티에 단체여행도 하고 수영과 농구, 탁구 등 운동도 함께하며 정말 재미있고 뜻있는 시간을 보냈습니다.

발런티어 생활을 무사히 마치고 약 40일 동안 한국인 친구와 함께 유럽 5개국 배낭여행을 했습니다. 마지막으로 이집트에 가서 스킨스쿠버도 배우고 자격증도 딴 뒤 한국인 친구는 귀국하고 제 여식은 다시 키부츠로 돌아갔습니다. 그곳에서 한 번 발런티어를 했던 사람은 언제든지 머무를 자격이 있어 다시 이스라엘로 간 것입니다. 그렇게 키부츠에서 새로운 친구들을 사귀고, 영국에 가서 아스톤 빌라의 홈구장인 구디슨 파크에서 박지성이 출전했던 맨체스터 유나이티드와 아스톤 빌라와의 축구경기도 관람하는 등 좋은 경험을 쌓았습니다. 제 여식은 이스라엘을 좋아하고 이스라엘 사람과는 잘 맞는다고 했습니다.

그리고 5월 초 어느 날 갑자기 이스라엘 테크니온 공대를 가겠다고 입학신청을 했고, 그 결과 입학에 필요한 서류를 보내라는 연락이 왔습니다. 아르바이트를 그만두고 토플시험에 1달 동안 전력투구를 했습니다. 그리고 2010년 6월 27일 입학허가서를 받았습니다. 참고로 테크니온 공대는 이스라엘 CEO의 70퍼센트가 이 대학 출신이라고 할 정도로 이스라엘에서는 유명대학이지만, 세계에는 잘 알려지지 않은 곳입니다. 저는 이 모든 것이 교수님과의 좋은 인연에서 비롯되었다고 믿고 있습니다.

현재 제 여식은 이스라엘 테크니온 공대에서 오리엔테이션을 받고 있습니다. 아마도 한국인으로는 최초가 아닌가 합니다.

"우리나라 젊은이들은 실력도 있고, 능력도 있어 세계 어느 곳에 가더라도 열심히 하여 국가를 빛낼 수 있는데, 좁은 한반도에 머무르지 말고 더 넓은 세계로 나아가 정착할 수 있도록 세계 여러 곳을 여행하여 안목을 넓히는 것이 중요하다"는 교수님 말씀에 전적으로 공감합니다. '실천하는 사람은 인생이 달라진다'고 생각합니다. 꿈과 희망이 있는 젊은이들에게 키부츠에 가보라고 강조하고, 또 강조해 주십시오.

(위 편지는 부산광역시 북구청에 근무하는 하상훈 님이 2010년 10월, 12월. 2011년 4월, 3차례에 걸쳐 딸 지연 양이 이스라엘 테크니온 공대에 들어간 과정을 글로 써서 저자에게 보낸 것을 발췌하여 올린 글이다)

저는 부산에서 골프관련 사업을 하고 있으며 오지여행가로도 활동하고 있습니다.

일만 하고 살기에는 인생이 아깝고 참된 행복을 찾기 어려운 것 같아 50세부터 시작한 여행이 어느새 130여 개국에 이르렀습니다.

아버님께 지연 양에 대한 이야기를 많이 들었습니다. 대학생 국토순례부터 이스라엘 키부츠에 가게 된 사연, 테크니온 공대에서 공부하게 된 과정 등 많은 이야기를 전해주시더군요. 아버님의 메일을 받고 저도 큰 감동을 받았습니다.

제 제자들이나 강연장에서 청강하시는 학부모들에게 글로벌시대에 맞춰 외국경험은 꼭 필요한 것이라고 이스라엘의 키부츠도 소개하고 또 많이 가기도 했지만, 지연 양처럼 스스로의 진로를 개척하고 노력한 경우는 드물기 때문입니다. 정말 장한 대한의 딸인 것 같아 제 가슴도 뿌듯했습니다. 올 1월 남미 아마존으로 오지여행 가는 길에도 그 편지를 가져가 짬날 때마다 읽어보고 앞으로 지연 양과 같은 학생들이 많이 생기도록 더 노력해야겠다고 다짐하곤 했습니다.

지연 양 나이에 외국에서 생활한다는 게 쉬운 일이 아니라 생각됩니다. 하지만 지연 양의 큰 미래를 위해 첫 발을 내디딘 것이고, 이미 많은 것들을 얻고 있을 것입니다.

제가 강연에서 자주 하는 말 중에 '불경일사不經一事면 부장일지不長一智' 라는 말이 있습니다. 하나를 경험하지 못하면 하나의 지혜가 생기지 않는다는 말이지요.

현재 지연 양이 경험하고 노력하고 있는 것들이 앞으로의 인생에 큰 밑거름이 될 것이라 믿어 의심치 않습니다. 지금은 타지에서 혼자 외롭고 한국의 아름다운 봄날이 그립기도 하겠지만, 시간이 지나면 이스라엘의 찬란한 햇빛이 그리울 날도 있을 겁니다.

이제 지연 양은 글로벌 여성리더로서의 자격을 갖출 준비를 하고 있다고 생각합니다. 한국이라는 무대를 벗어나 세계무대를 누벼야 합니다. 이스라엘 인근의 중동국가처럼 아직 여성의 지위가 낮은 곳도 있지만, 북미와 중미 지역에는 여성들이 정계나 사회지도층에 많이 진출해 있습니다. 따라서 무엇보다 지금 많이 경험하고, 많이 보고, 즐기고 배우기 바랍니다.

– 하지연

제가 2009년 키부츠에 오지 않았더라면, 지금 저도 아마 한국의 여느 학생들처럼 취업에 매달려 있었겠지요. 교수님과 아버지를 통해 듣기 전까지는 사실 키부츠에 대해 아는 것이 별로 없었지만, 지금은 키부츠 홍보대사가 되어 많은 것을 깨닫고 있습니다.

이곳에 와서 다양한 사람들을 만나면서 영어 외에도 인생에 있어 정말로 중요한 많은 것을 배웠습니다. 이번 여름에는 프랑스, 네덜란드, 영국 친구들과 함께 이스라엘에서 reunion(재회)을 계획 중입니다.

작년에 키부츠 자원봉사와 여행을 마치고 그때의 좋은 경험과 제 인생의 변화를 사람들에게 알리고 싶어 네이버에 블로그를 열었습니다. 제가 키부츠를 가려고 준비할 당시 미국 어학연수나 호주 워킹홀리데이 등은 정보도 많고 카페나 커뮤니티가 원활한 데 비해 키부츠에 대한 정보는 온·오프라인을 막론하고 가뭄에 콩 나듯 하여 힘들었습니다. 정말로 가고는 싶은데 정보부족과 낯선 중동국가에 대한 두려움으로 포기하는 사람들이 많은 것 같아 부족하지만 제가 포스팅을 통해 정보를 알리고 사람들이 궁금해하는 점을 질문하면 하나하나 열심히 답변해 주었습니다. 제 기분일 수도 있겠지만 왠지 키부츠에 가는 사람들이 많아진 느낌입니다.

앞으로도 많은 사람들이 키부츠에 와서 좋은 경험을 하고 인생의 변화를, 인식의 변화를 경험했으면 좋겠습니다.

교수님 말씀처럼 많은 사람들이 '경험한 만큼 보이고 성장한다'는 것을 직접 체험했으면 좋겠습니다.

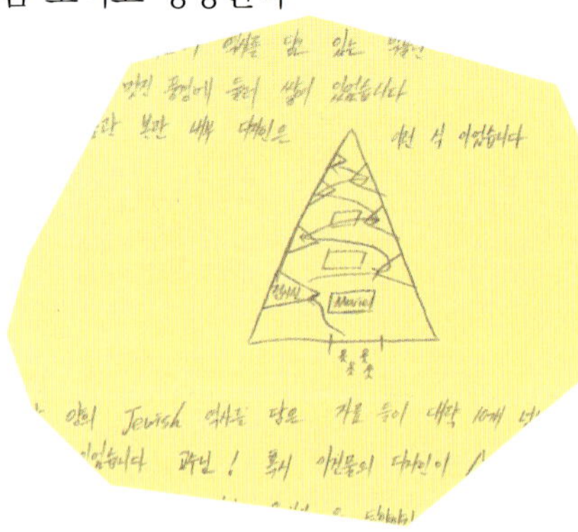

신민기 학생이 쓴 친필편지 중에서

**"유대인 역사를 담고 있는 홀로코스트박물관을 방문,
부끄럽기 그지없었습니다!"**

– 신민기

여기는 북쪽에 있는 하조레아hazorea 키부츠입니다. 1,000명 정도 거주하고 있는 아주 큰 키부츠 농촌입니다. 서양이라고 다를 것 없이 소똥냄새가 나지만, 골목길 옆에는 온통 잔디밭과 나무들로 이루어진 평화로운 곳입니다. 나무에는 레몬과 오렌지 등 탐스러운 과일들이 열려 있어 사람들 모르게 슬쩍 따먹곤 하는데 그렇게 맛있을 수가 없습니다. 한국에서 볼 수 없는 이런 광경 부럽지 않으세요? 하지만 생각보다 의사소통이 너무 안 돼 외국인 친구들에게 미안하기도 하고 답답하기도 합니다. 그래도 다행인 것은 한국인 발런티어가 한 명 더 있다는 것이지요. 저보다 한 살 위인 누나인데, 누나 덕분에 나름 잘 생활하고 있습니다. 운 좋게도 온 지 이틀 만에 '발런티어 트립'을 갔습니다. 장소는 성스러운 종교의 도시 예루살렘. 하루 만에 갔다오는 거라 많은 것을 보지는 못했지만 엄청난 광경을 보고 또한 부끄러움을 느끼고 왔습니다.

제일 처음 간 곳은 홀로코스트박물관이었습니다. 아시겠지만 이곳은 유대인의 역사를 담고 있는 박물관입니다. 거대한 규모, 멋진 풍경에 둘러쌓여 있었습니다. 엄청난 양의 Jewish(유대인) 역사를 담은 자료들이 대략 10개 넘는 방에 전시되어 있었습니다. 그런데 이 건물 디자인 모습인 Δ는 나치시절 유대인을 탄압하기 위해 가슴에 달았던 배지 모양이었습니다. 그걸 바탕으로 건물형태를 그려 보았습니다(338쪽 참조). 그런데 지금부터 박물관에서 느꼈던 점들에 대해 자세히 말씀드리죠.

그곳에 도착하자 우리 일행을 맞이한 사람은 가이드였습니다. 그 박물관에는 수많은 가이드가 있었는데 외국인, 자국민 모두를 위해 헌신하고 있었습니다. 우리팀 가이드는 나이가 지긋하신 할머니였습니다. 모두를 위해 영어로 설명하셨는데, 박물관이 워낙 커서 개개인마다 이어폰을 통해 그것을 들었습니다. 할머니는 그 넓은 곳에서 많은 자료와 그리고 정말 슬픈 자신의 나라의 역사를 눈물을 글썽거리며 설명했습니다. 약 3시간 동안 이어진 할머니의 열변에 저도 그만 눈물이 났습니다. 유대인이 불쌍하게 느껴져서가 아닙니다. 너무너무 부끄러워서입니다. 우리나라도 100년 전 유대인들처럼 일본에 침략당한 역사가 있었고 많은 탄압을 받았습니다. 하지만 우리는 이곳처럼 우리의 핍박받은 역사를 담은 박물관도 없을 뿐더러 3시간 동안 한 번도 쉬지 않고, 물 한 잔 마시지 않고 눈물까지 흘리며 자기 나라의 역사를 외국인에게 호소하는 가이드를 본 적이 없습니다. 우리나라는 이스라엘보다 4.5배나 크지만, 이런 성스러운 박물관은커녕 아파트 짓기에 바쁘기만 합니다. 더욱이 부끄러운 역사가 있었다며 감추기에 급급한 사람들은 우리 역사와 우리나라에 대해 자부심이 없기 때문일 것입니다.

그것이 현실로 드러나고 있지 않습니까? 왜곡된 역사에 아무런 영향력도 발휘하지 못하고, 게다가 무관심하기까지 한 걸 보면 말이죠. 어쨌든 잘 알아들을 수 없는 그 가이드의 열변에 저는 굉장한 부끄러움과 유대인의 암울했던 역사를 다시 한 번 생각하게 되었습니다. 그리고 그들의 역사를 잘 보존하고 있는 것이 존경스럽기도 했습니다. 본관 다음으로 간 곳에서 저는 온몸이 얼어붙는 듯했습니다. 어두컴컴한 건물에 셀 수 없이 많은 촛불이 유리벽 내부에 있었습니다. 그리고 그 건물내부의 스피커에선 나치시절 이유없이 죽어간 유대인 아이들의 이름과 나이가 호명되고 있었습니다. 그곳은 아무런 죄 없이 죽어간 아이들을 추모하기 위한 건물이었습니다. 교수님도 이 건물에 들어와 보셨다면 아마 저처럼 경직되었을 겁니다. 이렇게 긴 박물관 투어를 마치고 가이드에게 인사한 뒤 다음 장소로 이동했습니다. 만약 제가 영어가 능숙했다면 그 가이드분께 제가 느낀 점을 표현했겠지만, 안타깝게도 'Thank You' 한마디로 끝내야 했습니다.

이어서 우리는 올드시티 중 Christian quarter(기독교 구역)에 갔습니다. 만날 예수니, 하느님이니 말로만 듣다가 역사의 현장에 오니 기분이 묘했습니다. 종교가 없는 저도 이렇게 묘한 기분이 드는데, 크리스천들은 얼마나 감격스럽겠습니까? 그 다음으로 예수님이 묻혔던 장소엘 들어가게 되었습니다. 그곳에 온 사람들은 모두 예수님이 자리했던 '기름부음의 돌(Stone of Anointing)'에 손을 올리고 기도하더군요. 평소에 종교에 관심이 없었지만 성스러운 곳에 다녀와서 좋았습니다. 그리고 예루살렘 New City 번화가에서 친구들과 식사하고 커피를 마신 뒤 돌아왔습니다.

이렇게 해서 짧고도 긴 여행을 마쳤습니다. 이 여행을 통해 동료들과도 약간은 더 친해진 것 같고, 영어를 못하는 저를 배려해주는 이들도 생겼습니다. 이곳에 있는 지원자들은 10명밖에 안 되지만 한국, 브라질, 미국, 덴마크, 독일 등 국적은 다양합니다. 사실 처음엔 답답하기도 했는데, 어느새 이 생활에 재미를 느끼고 있는지 교수님께 이렇게 수다를 늘어놓았네요. 이런 좋은 기회를 알려주신 교수님께 다시 한 번 감사드립니다.

– 조윤주

어느새 이들의 모습과 동화된 저를 발견하며 함께 웃고 있는, 약속의 땅 이스라엘 요트바타 키부츠에서 인사 올립니다.

어느덧 한 해의 반이라는 시간을 이곳에서 보냈네요. 사실 도착하기 전까지의 마음은 설레임과 두려움뿐이었습니다. 교수님께서 이끌어주셨던 발걸음, 결국 다른 나를 위한 도전이라 생각되었지만, 늘 그러하듯 현실의 안주감이란 녀석이 제 발목을 잡고 또 잡았었기에…….

그러나 이곳에 도착한 후 전 늘 후회만 일삼는 것 같습니다. '왜 진작 오지 않았을까' 하고 말이지요'

평화롭기 그지없는 하루들의 연속입니다. 아침기상 후 배정된 일터로 향하면 그새 점심입니다. 그후 일과를 정리하고 발런티어 숙소로 돌아오면 오후 2~3시 사이. 도착 후엔 "How are you?" 하며 따스하게 반기는 친구들과 이런저런 대화를 나누며 음악을 듣고 차를 즐기는 등, 시간에 쫓겨 허겁지겁 달려온 제 과거와 너무도 판이한 현재입니다.

이곳 요트바타 키부츠는 이스라엘 최남단 관광도시 에일랏에서 북으로 30여 분 정도 거리에 위치하고 있습니다. 낙농업을 주 사업으로 하며 약 250여 개의 이스라엘 키부츠들 중 3번째 버금가는 부유한 곳입니다. 그래서일까요? 제가 이들에게서 '느림의 미학'을 알아가고 있는 것은…… 풍족하고 여유로우며 베풀 줄 아는 키부츠 인들을, 전 너무나 사랑합니다. 최근엔 발런티어 트립도 다녀왔습니다. 사해를 거쳐 갈릴리, 골란 고원, 쯔팟, 아코 등을 지나왔는데, 그저 감탄의 연속이었습니다. 특히 아코 포트에서 바라보았던 햇살, 파도 그리고 눈부신 하늘은 정말이지 뭐라 표현할 수 없는 광경이었습니다. 그 지중해의 모습은 언제 떠올려도 가슴 벅찬 기억입니다. 이다지도 어리석은 저인데, 그럼에도 하나님께선 무척 사랑하시나 봅니다. 꿈, 희망 그리고 열정을 가슴 가득 담아주신 것만으로도 너무나 감사한데, 이 어린 양을 위해 또 다른 삶의 스킬을 선사해주시는 것을 보면 말입니다. 10년, 짧다면 짧지만 길다면 또 긴 시간 동안 늘 영어를 공부해왔지만, 실상 우리의 현 주소는 어디입니까? 외국인들의 물음에 당황해버리고 심지어 줄행랑을 치기까지 하는 모습, 정말 부끄럽지 않을 수 없는데 저 또한 마찬가지였습니다. 문법, 어휘, 독해를 위주로 한 시험대비용 지식은 정작 간단한 회화에도 긴 시간의 망설임이 먼저였습니다. 처음엔 알량한 문장들로 시작되었죠.

"Hi? I'm from S.Korea. Nice to meet you." 그러나 점점 바닥을 드러내는 제 표현들에 무척 자존심이 상하더군요. 해서 선택한 것이 영자 신문이었습니다. 첫날은 헤드라인만 훑어보는데도 2시간이나 소요되었죠. 한국에서 접해온 토익 혹은 수능과는 또 다른 표현들이 무척 낯설었습니다. 그러다 차츰차츰 익숙해지며 속도도 빨라졌고, 무엇보다 가장 기뻤던 것은 친구들에게 저의 의견이 통했을 때였습니다. 조기유학이다 어학연수다 해서 많이들 떠나오는데, 가장 중요한 것은 마음가짐인 듯합니다. 외롭다고, 지친다고, 힘들다고, 몇 개월 또는 몇 년이라는 시간과 돈을 허공에다 뿌려댔던 사람들. 저도 참 많이 봐왔습니다. 아직도 갈 길이 한참 먼 제가 왈가왈부할 일은 아니지만 짧은 시간 보고 듣고 느껴온 것은 '구체적이고 체계적이지 않아도 그저 웃으며 대화할 수 있다는 것. 그것만으로도 감사한 것이 아닐까……' 하는 생각이었습니다. 두서없이 적어내린 제 생활을, 그럼에도 흐뭇하게 읽어주셔서 늘 감사합니다.

키부츠 – 두 번째 이야기

그간 평안하셨는지요? 저는 교수님의 훌륭한 지도 덕에 마냥 행복한 나날들만 보내오고 있습니다. 점심식사 후, 잠깐의 여유를 두고 친구 '팔짱'과 함께 풀섶에 앉았더랍니다. 바람에 나부끼는 제 친구는 늘 변함없는 그 자리에서 제게 소중한 자양분을 공급해줍니다. 햇살이 좋아 눈을 감다가도 어느새 심취되어 버리는……. 이렇게 독서는 제 소중한 친구로 영원할 것 같습니다.

지난 밤, 또 어떤 일들이 펼쳐졌을까. 저 유라시아를 넘어 지금은 저녁 무렵일 나의 고국소식도 실려 있지는 않을까. 오늘은 또 어떤 이야기가 내 시선을 고정시켜줄까. 이스라엘의 역사, 문화 그리고 전통. 그 모든 것들이 이 얇은 종이에 가득합니다. 이렇게 중독되어버린 〈예루살렘 포스트〉는 매일 아침 발런티어 우편함에서 제 손길을 기다립니다. 한참이나 삼매경이었나봐요. 저 멀리서 "Ju!"라는 외침이 들려옵니다. 저와 함께 일하는 '쉴라'. 동시에 제가 사랑하는 유대인 친구이기도 합니다. 고등학교를 이탈리아에서 마친 그러나 프렌치 느낌이 나는 아름다운 19세의 제 친구. 인생 가장 꽃다운 나이인 그녀는 순수하며 심플한 순백의 소녀입니다.

대한민국 신체건강한 남성에게 지워진 병역의 의무가 이곳 이스라엘에선 여성으로까지 확대됩니다. 쉴라 또한 올 10월 군입대를 앞두고 부모님과 잠시 떨어져 이곳 키부츠에서 생활하고 있습니다. 현재 이스라엘에는 270여 개 정도의 키부츠가 있는데 키부츠인들 외에 우리네와 같은 거주자들은 발런티어 역할로 이곳에서 생활할 수 있습니다. 대부분의 지원자들이 젊은이들인 것을 보면, 제 생각엔 이 또한 이스라엘의 특별한 의무가 아닐까 합니다.

소련, 동유럽, 중국 등지에서의 패배라는 낙인이 이곳 키부츠에서만은 예외적 사례로 기술되어질 공산이념. 만약 마르크스가 살아 있다면 아마 저처럼 이곳을 사랑하지 않을까 싶네요. 친구들 말로는 저와 같은 발런티어로 이곳을 방문한 이후, 10년 동안 1년의 단 한 번인 휴가를 이곳에서 보내온 미국인이 있다고 합니다. 월가에서 일하는 증권맨인데 일상의 모든 것들을 제쳐두고서(심지어 목숨과도 같은 휴대폰까지) 한 달간 이곳에 머문다고 하는군요. 아, 정말이지 매력적인 곳 아닙니까?

셰익스피어의 희극《베니스의 상인》에 등장하는 샤일록은 마치 뱀 같은 유대인 고리대금업자로 그려져 있는데, 당시 유대인들에 대한 유럽인들의 편견을 가늠할 수 있는 작품이지요. 역사라는 것, 이 얼마나 대단한 유산이며 동시에 이 얼마나 무서운 시선인지…….

인간에게서 비롯된 모든 이기체己들은 주관이 배제되어질 수 없기에 그 반향 또한 얼마나 큰 것인지요. 바빌론에 의해 멸망된 디아스포라 유대인들은 그렇게 2000년이 넘는 방랑의 역사를 안아야만 했습니다. 우물에 독을 탔다는둥, 페스트 바이러스를 옮긴다는둥, 마녀의 자식들이라는둥……그렇게 서러운 핍박 속에서도 이들은 정체성을 잃지 않고 오늘날까지 우리와 함께합니다.

필시 그 무언가가 있을 겁니다. 생존의 집념, 불굴의 의지, 명석한 지혜, 단지 그것들만이 아닌 그 무언가가 말이죠. 저는 요즘 이들을 보며 '그 무언가' 미래를 위한 탐색에 골몰 중입니다. 과연 그것은 무엇일까요?

조만간 고대 나바테아인들의 수도였던 '페트라'를 다녀올 계획입니다. 다음 메일에는 페트라의 발자국들도 함께 적어드리겠습니다.

(하나님께서 언약하셨던 그 옛날 가나안에서)